NF文庫
ノンフィクション

幻のジェット軍用機

新しいエンジンに賭けた試作機の航跡

大内建二

潮書房光人新社

まえがき

ジェットエンジンの開発の歴史は決して新しいものではない。動力飛行機の初飛行が試された（ライト兄弟の初飛行は一九〇三年十二月）前後に、すでにジェットエンジンの原型ともいえるモータージェットエンジンが開発されていたのである。ルーマニアのアンリ・コアンダは一九一〇年にモータージェットエンジンの原型ともいえるエンジンを作り上げ、独自に開発した「飛行機」に搭載し飛行試験を行なおうとしている。

現在のジェットエンジンの基本原理はガスタービン型ジェットエンジンであるが、モータージェットエンジンは、タービンの回転力のみで効率的な空気圧縮ができなかったために、折衷案としてレシプロエンジンの回転力を使い空気圧縮機を駆動させ、そこで圧縮された空気を爆発させて出力を得ようとしたものであった。

このモータージェットエンジンを使った機体としては、一九四〇年にイタリアのカプロニ社がカプロニ・カンピーニN・1の初飛行に成功し、世界初のジェットエンジン機として喧伝した実績がある。

その後一九四五年にはソ連がモータージェットエンジンを搭載した戦闘機の試作を行なっているが、遠心式あるいは軸流式の空気圧縮機を備えた本格的なジェットエンジンの開発が進む段階で消える運命にあった。

軸流式／遠心式空気圧縮機を備えた本格的なジェットエンジンの開発は、ほぼ同時期にイギリスとドイツで始まっている。ドイツは一九三九年に、イギリスは一九四一年に、それぞれ軸流式ジェットエンジンと遠心式ジェットエンジンを実用化させ、それを装備した機体の初飛行に成功している。

ジェットエンジンがレシプロエンジンに比較し格段に優れているのは、レシプロエンジンが高空になるにしたがい単位体積あたりの酸素密度が急激に低下し極端な出力の低下をしめすのに対し、その傾向を最低限に抑えることができること、さらにレシプロエンジンでは不可能な強馬力の発揮が可能なことであった。

第二次世界大戦中にドイツは独自開発のジェットエンジンを搭載した実用型戦闘機や攻撃機の開発に成功し、少数ながら実戦に投入して連合軍側に脅威をあたえた。一方イギリスも実用化されたジェットエンジンを装備した戦闘機を開発し、戦争末期には部隊配備をしている。

またイギリス式ジェットエンジンの実物は、大戦中に技術協力のもとでアメリカに譲渡され、以後アメリカは独自のジェットエンジンの開発を進めることになった。

ソ連は大戦末期にはドイツのジェットエンジン技術を分析し、さらに戦後にイギリスから技術供与されたエンジンを母体に独自のジェットエンジンの開発を進めることになった。

その他の国々も戦後、ジェットエンジン装備の軍用機の開発を進めたが、それらは主にアメリカとイギリスの開発したジェットエンジンを採用することにより進められたのであった。そうしたなかでもフランスは注目すべき国で、主にイギリスの技術を導入してジェットエンジンを開発し、独自のジェットエンジン搭載の軍用機の開発を展開してアメリカ・イギリス・ソ連と肩をならべるジェットエンジン軍用機大国となっているのである。

第二次大戦終結直後から、各国では新しい航空機とでもいうべきジェットエンジン搭載軍用機の開発が進められた。初期のジェットエンジン搭載の軍用機をみると、じつに興味深い。初期のジェットエンジンには様々な欠点が存在したが、それを克服するための努力やジェットエンジンをどのようにあつかうべきかの苦悩の跡が見えて面白いのである。

本書では第二次大戦終結前後から繰りひろげられた各国のジェットエンジン搭載の試作軍用機を紹介してあるが、それはジェットエンジン軍用機の開発史そのままである。ご堪能いただきたく思うのであります。

幻のジェット軍用機——目次

第6章　アメリカ

(上)FMA I.Ae.27「プルキー1」
(中)FMA I.Ae.33「プルキー2」　(下)FFA P－16

(上)中島「橘花」
(下)EGAOヘルワンHA300

(上)ハインケルHe280
(中)ユンカースJu287　(下)ホルテンHoⅨ

(上)メッサーシュミットP.1101
(中)スホーイSu5　(下)スホーイSu9

（中・下）はシュド・ウエストSO6020の改良タイプ

（上）ミグMiG9　（中）シュド・ウエストSO6021
（下）シュド・ウエストSO6025

（上）ホーカーP1052
（下）スーパーマリン508

(上)ショートSA4「スペリン」
(下)サンダース・ロウSR.A1

(上)ノースロップXP79B
(中)コンベアXP81　(下)ライアンFR

（上）ライアンXF2R
（中）カーチスXF15C－1　（下）ベルXP83

(上)マクダネルXP85
(下)カーチスXP87

(上) ロッキードXF90　(中) リパブリックXF91
(下) コンベアXF92A

(上)ノースアメリカンXF93A
(中)ノースアメリカンXF107　(下)チャンス・ヴォートF6U

（上）グラマンXF10F－1
（中）ダグラスXB43　（下）コンベアXB46

(上)マーチンXB48
(下)ノースロップYB49

(上)マーチンXB51　(中)コンベアXB60
(下)ノースアメリカンXA2J－1

(上)ダグラスXA2D－1
(下)コンベアXF2Y

(上)コンベアXFY1
(下)ロッキードXFV－1

幻のジェット軍用機

新しいエンジンに賭けた試作機の航跡

第1章

ユーゴスラビア　アルゼンチン
スイス　日本　インド　エジプト

①イカルス451M／452M試作地上攻撃機　ユーゴスラビア

バルカン半島の小国セルビアは独立自存の思いがきわめて強い国で、オスマン帝国から独立後も独自路線を貫き、各種産業を興し発展をとげてきた。そして一九二〇年代には航空機産業も始まり、少数ながら自国設計の機体を製作していた。さらに一九三〇年代の末からは、イギリスのホーカー「ハリケーン」戦闘機やブリストル「ブレニム」双発爆撃機のライセンス生産を開始し、自国空軍への供給を開始していた。

第二次世界大戦終結後、バルカン半島を構成していた小国はユーゴスラビアという一つの国家、社会主義国として構成されることになった。しかしこのなかでも旧セルビアは過去より展開していた航空機産業の能力を生かし、独自のジェット推進軍用機の設計・試作を開始したのだ。

旧セルビア国内で航空機製造を展開していたイカルス社は、本来はバスやトラックなどの自動車を生産していた会社であったが、一九五一年にユーゴスラビアとして初のジェット軍用機の開発を始めた。その機体の呼称はイカルス451Mで、機種は地上攻撃機であった。ジェットエンジンはフランスのチュルボメカ・エンジンを購入し、機体はイカルス社独自の設計で開始された。
入手できたジェットエンジンが非力であったために、機体は小型にまとまり、両翼下にエンジンを装備する双発型式が採用された。機体は尾輪式の単座で直線翼をもつ極めてオーソドックスなスタイルで、武装は機首一二・七ミリ機関銃二梃を装備するのみで、主翼下に小型爆弾の搭載が可能であった。

本機は一九五二年に初飛行に成功しているが、イカルス社の設計人は本機を習作と位置づけ、引き続きより高性能な小型地上攻撃機の試作に移ることになった。

イカルス451Mの主な要目は次のとおりである。

全幅	六・六九九メートル
全長	五・四八メートル
自重	一二三四キロ
エンジン	チュルボメカ・ターボジェット二基
	推力九六九キロ×二
最高時速	五七九キロ
武装	一二・七ミリ機関銃二梃

爆弾二〇〇キロ

引き続き試作された機体呼称はイカルス452Mとされた。

本機も451Mと同様に小型地上攻撃機としての設計であったが、そのスタイルは極めて斬新な形状となっていた。ただ入手可能なエンジンが弱推力のエンジンであったために、機体は必然的に小型にならざるを得なかった。

本機は小型エンジンを胴体内に上下二段重ねの配置とし、主翼の付け根に小型のエンジン用空気取り入れ口が配置されていた。本機の外観上の最大の特徴はその尾翼の配置にあった。胴体尾部に垂直尾翼のような突起があり、この上端にT字形に水平尾翼が配置され、両主翼の胴体に近接した後端から後方にブームが伸び、その後端に垂直尾翼が配置され、水平尾翼はこの二枚の垂直尾翼とも固定されていた。

この形状から本機は一見小型の双胴式機体に見える。また主翼と水平尾翼には軽い後退角がついており、三車輪式の本機の主車輪は胴体両側面に収容されるようになっていた。

このイカルス452Mの基本要目は次のとおりである。

全幅　　六・二五メートル
全長　　五・九七メートル
自重　　一二六〇キロ

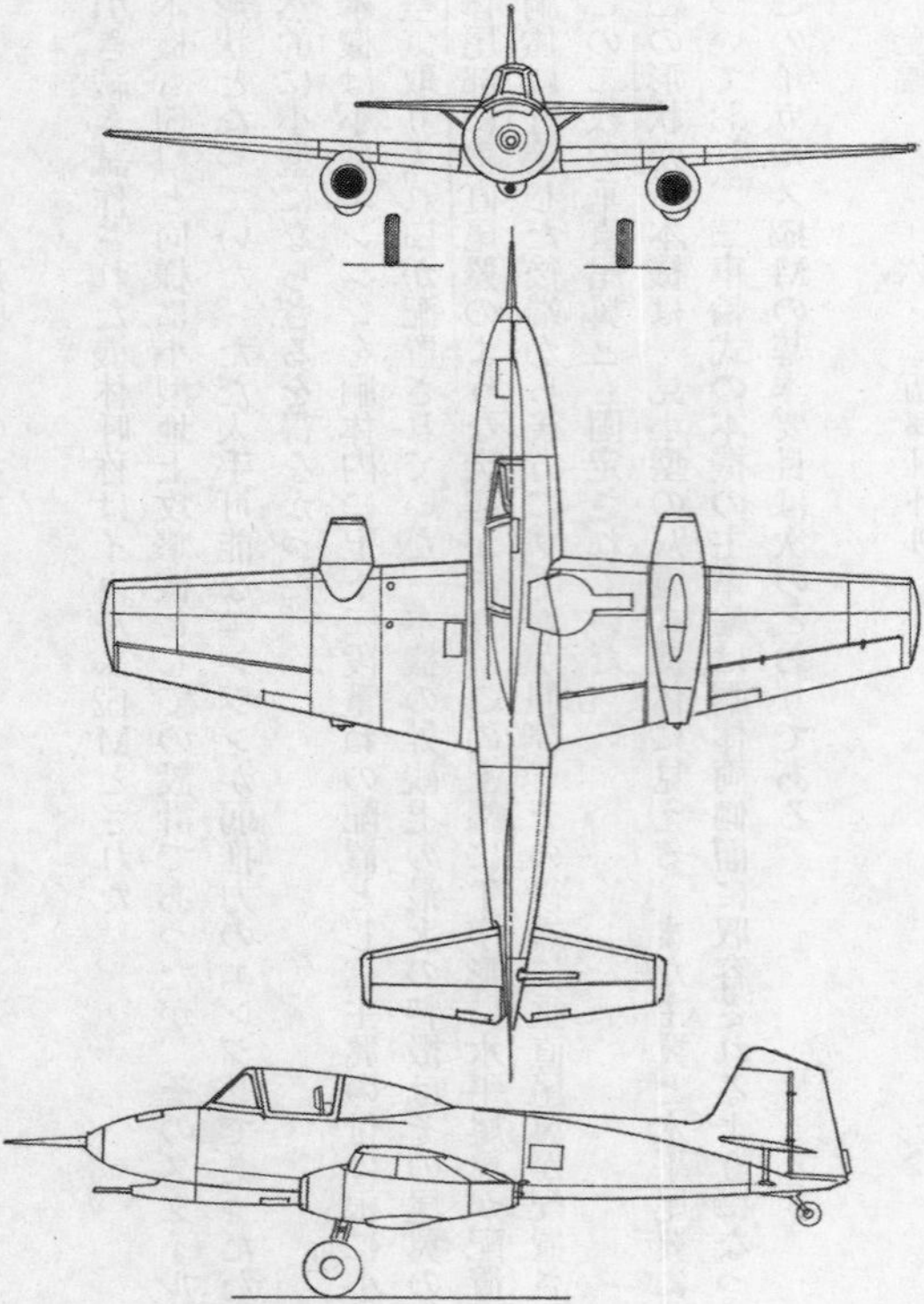

イカルス451M試作地上攻撃機

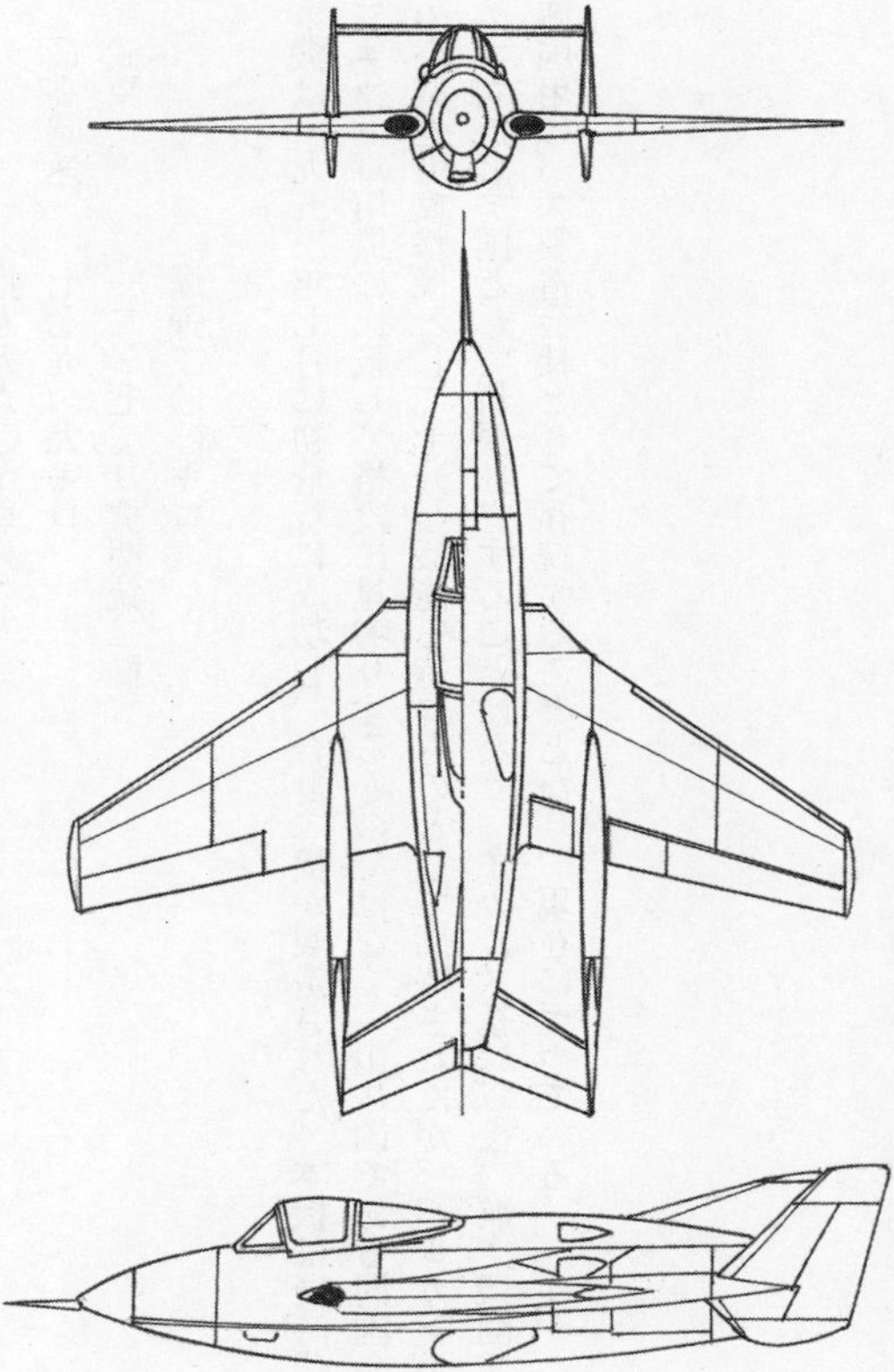

イカルス452M試作地上攻撃機

エンジン　チュルボメカ・ターボジェット二基
　推力九六〇キロ×二
最高時速　七七九・九キロ
武装　一二・七ミリ機関銃二梃
　爆弾二〇〇キロ

本機は一九五三年七月に初飛行に成功し、合計二機が製造された。本機は同時代の先進国のジェット軍用機に比較して格段に見劣りするものではなく、山岳国である同国の自国防衛用の小型地上攻撃機として十分な機能を持つものとして期待されたが、バルカン半島全域がユーゴスラビア国として新規独立することになり、イカルス社は以後の航空機開発を中止し、新興国用のバス製造会社として存続することとなり、現在に至っている。

②FMA I・Ae・27「プルキー1」試作戦闘機　アルゼンチン

アルゼンチンは第二次世界大戦では中立の立場を堅持したが、軍用機の開発には意欲的であった。イギリスのデ・ハビランド「モスキート」多用途機に酷似した「カルキン」地上攻撃機を開発し、優れた性能の複座戦闘機の開発も進めていた。

戦争終結の直後から、アルゼンチンにはドイツ軍関係者の亡命者がひそかに入国していた。それらのなかには親ドイツのビシー政府に属した、フランスの著名な航空機設計者エミール・ドボワチンとそのグループの者も含まれていた。

一九四六年に、アルゼンチン空軍はこのドボワチンを中心とした航空機設計者たちに対し、アルゼンチン空軍用のジェット戦闘機の設計を命じたのである。設計作業は直ちに開始され、翌一九四七年七月にはアルゼンチン開発の初めてのジェット軍用機が完成した。そして翌八月に試験飛行が行なわれ、初飛行に成功した。

完成したジェット戦闘機の外観はレシプロ戦闘機を彷彿させるような、極めてオーソドックスなものとなっていた。

この機体のエンジンはイギリスから入手した遠心圧縮式のロールスロイス・ダーウェントR・D5ターボジェットで、その出力は推力一六三三キロという弱馬力であった。

機体の規模は当時の標準的な戦闘機並みで、円形断面の胴体内の中央付近にエンジンが配置され、エンジン用の空気取り入れ口は機首にあり、ジェット噴射の排気口は機尾に開いていた。

機体は三車輪式で操縦席は機首上部にあり、吸気ダクトは操縦席の両側を通るようになっていた。主翼や水平尾翼の構造は同時代のレシプロ戦闘機とほぼ同じ構造となっていたが、主翼断面には高速機体にふさわしく層流翼型が採用されていた。

試作機は一機のみが作られ、一九四七年八月に試験飛行を開始した。飛行特性には大きな欠陥はなかったが、エンジン出力が低かったために、最高時速は当時の最優秀レシプロ戦闘機並みの時速七〇〇キロ少々で、期待された高性能戦闘機とは程遠い結果に終わったのである。

この頃すでに「プルキー2」として、別の開発チームにより斬新な設計のジェット戦闘機の開発が進められていたために、本機のそれ以上の開発は中止されることになった。

なお本機はドイツ、イギリス、アメリカ、日本、ソ連に続く世界で六番目に開発されたジェット軍用機として貴重な存在であり、その後アルゼンチン空軍博物館に展示され現在も見ることができる。

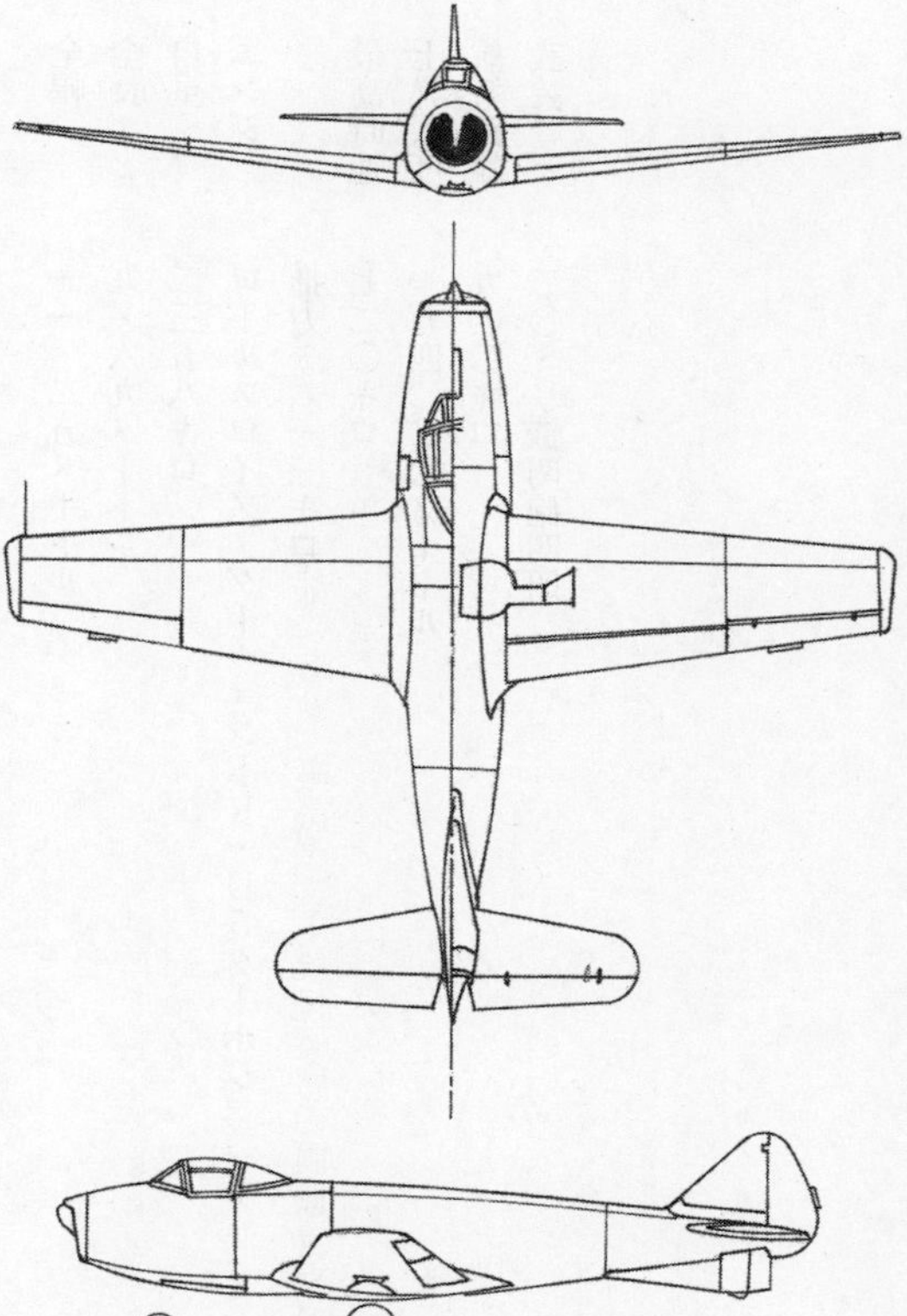

FMA I.Ae.27「プルキー1」試作戦闘機

本機の基本要目は次のとおりである。

全幅　一一・二五メートル
全長　九・六九メートル
自重　二三五八キロ
エンジン　ロールスロイス・ダーウェントR・D5ターボジェット
推力一六三三キロ
最高時速　七二〇キロ
上昇限度　一万四〇〇〇メートル
航続距離　九〇〇キロ
武装　二〇ミリ機関砲四門

③FMA I・Ae・33「プルキー2」アルゼンチン試作戦闘機

本機は前記の「プルキー1」の開発にやや遅れ、別途開発が進められたジェットエンジン推進の戦闘機である。そして完成したこの機体は、同じ時期に開発が進められていたアメリカ、イギリス、ソ連などのジェット戦闘機と比較しても、何ら遜色のない極めて高性能な機体であった。

本機の設計・開発には第二次世界大戦中の有名なドイツ戦闘機、フォッケウルフFw190の設計者であるクルト・タンク技師が終始関わっていた。つまり本機は彼の設計思想により完成した一流のジェット戦闘機であったのである。

アルゼンチンには一八〇〇年代中頃から多くのドイツ系移民が移住しており、ドイツ人は同国の発展に大きく寄与していた。したがってアルゼンチンは極めて親ドイツの国家であった。大戦終結直後から戦争に関係した多くのドイツ人が偽名を使ってアルゼンチンに亡命していたが、そのなかにクルト・タンクや彼の設計チームの主だった人々も入っていたのだ。

アルゼンチンはこの事態を承知しており、クルト・タンク設計チームの亡命者たちを非公式に厚遇していた。その理由は次のようないきさつがあったからである。

一九四七年当時のアルゼンチン空軍は近代化の流れの中にあった。当時のアルゼンチン空軍は次期主力戦闘機として、イギリスのグロスター「ミーティア」戦闘機を選定していた。しかしアルゼンチン空軍はより優れた戦闘機を自国で開発すべく、クルト・タンク設計チームにその開発を要請していたのであった。この設計チームは大戦末期にすでに先進的なジェット戦闘機の設計を進めていた実績があり、期待するところが大きかったのである。

アルゼンチン航空技術研究所は早速、彼らと図って次期戦闘機開発の作業を開始したが、その目標はクルト・タンク設計チームが大戦末期に未完成で終わらせた、先進的なジェット戦闘機Ta183「フッケバイン」を基本にした戦闘機であった。

この新戦闘機の開発にあたりアルゼンチン空軍は、イギリスから最新のジェットエンジンのロールスロイス・ニーン2ターボジェット（推力二二七〇キロ）を入手する予定であった。

試作は順調に進み一九五〇年六月に試作一号機が完成した。完成した機体はTa183を彷彿させるような、先進的な設計の機体であった。本機の呼称は「プルキー2」とされた。

本機の主翼は四〇度という強い後退角つきで、水平尾翼も垂直尾翼にも同じく強い後退角がついていた。そして水平尾翼は垂直尾翼の頂部にT字形に配置されていた。また主翼は肩翼式となっているために、主車輪は胴体中央部の両側下面に収容されるようになっていた。

試験飛行は試作機完成直後に実施されたが、その性能は期待にたがわぬ高性能を発揮する

45　③FMA I.Ae.33「プルキー2」試作戦闘機　アルゼンチン

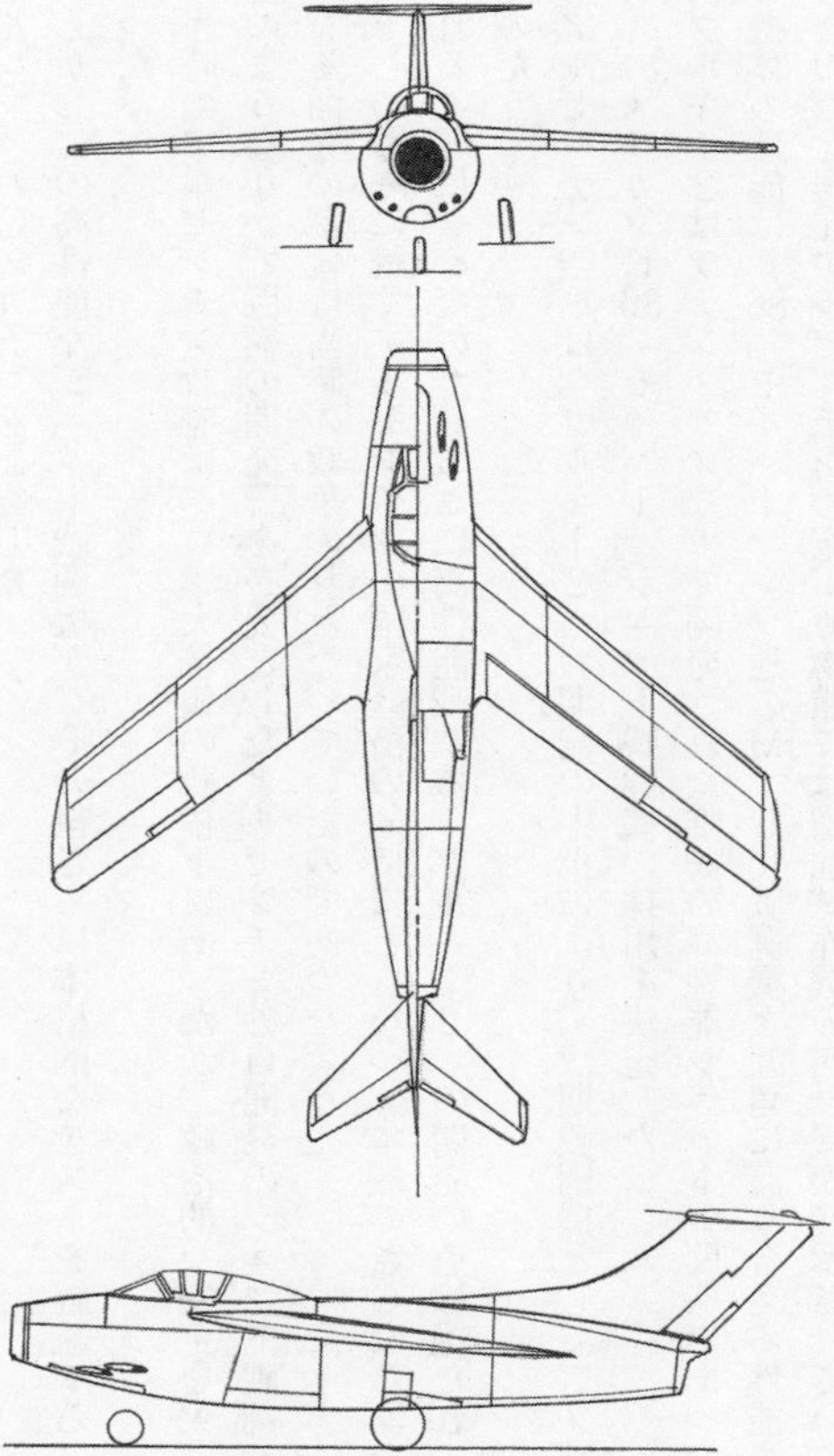

FMA I.Ae.33「プルキー2」試作戦闘機

ことになった。これにともないアルゼンチン空軍はさらに増加試作機四機を製作した。また増加試作四号機にはより強力なエンジンを搭載しており、最高速力は時速一一四〇キロメートル（マッハ〇・九五）を記録した。

しかしこの高性能なジェット戦闘機が、その後さらに本格的なテストを継続することはなかった。

当時のアルゼンチン政府はペロン大統領の政権下にあったが、政治的な安定を欠いていた。そのようななかで巨額の開発費を必要としたアルゼンチン独自開発のジェット戦闘機の、さらなる開発の継続は当時の政争の具となっていたのであった。

そしてさらに続くアルゼンチンの国家経済の危機にともない、本機のさらなる開発は中止されることになったのだ。ここに高性能戦闘機「プルキー2」の開発の道は絶たれてしまったのだ。

アルゼンチン空軍は「プルキー2」の開発の中止により、次期戦闘機としてアメリカのノースアメリカンF86「セイバー」ジェット戦闘機の採用を決定した。

プルキー2はラテン・アメリカで開発された唯一の高性能ジェット戦闘機であったが、この機体の性能はF86「セイバー」やソ連のMiG15戦闘機と互角に渡り合える性能を有していたのだ。現在アルゼンチンの空軍博物館には増加試作機の四号機が展示されている。

本機の基本要目は次のとおりである。

47　③FMA I.Ae.33「プルキー2」試作戦闘機　　アルゼンチン

全幅　一〇・六メートル
全長　一一・六八メートル
自重　三七三六キロ
エンジン　ロールスロイス・ニーン2ターボジェット
推力二二六九キロ
最高時速　一〇八〇キロ
上昇限度　一万四〇〇〇メートル
航続距離　二〇三〇キロ
武装　二〇ミリ機関砲四門

④ＦＦＡ Ｐ－16試作地上攻撃機　スイス

スイスは第二次世界大戦中もかたくなに永世中立国としての立場を貫いた。この地位を守るために、スイスは一九一四年以来空軍力の育成に力を注ぎ、そして一九三六年には空軍を組織し、自国の領空を侵犯する外国軍用機に対しては攻撃も辞さぬ、という強い姿勢でのぞんできた。

この戦力を堅持するためにスイスは大戦中に、国立航空工廠で単発・複座の多用途機Ｃ３６０３を開発し、一六〇機を生産し自国領空の防衛にあたった。事実第二次大戦中にスイス空軍は、自国の領空に侵入した連合軍やドイツ空軍機一〇〇機以上を自国空軍基地に強制着陸させるという実績を持っていた。

一九五二年にスイスの航空機製作会社であるＦＦＡ社（Flug-und Fahrzeugwerke Altenrhein）は、戦後の自国防衛のために独自開発の多用途ジェット機ＦＦＡ Ｐ－16の試作を開始した。試作機は一九五五年四月に初飛行に成功した。本機は全幅一一メートル、全

49　④FFA P－16試作地上攻撃機　　スイス

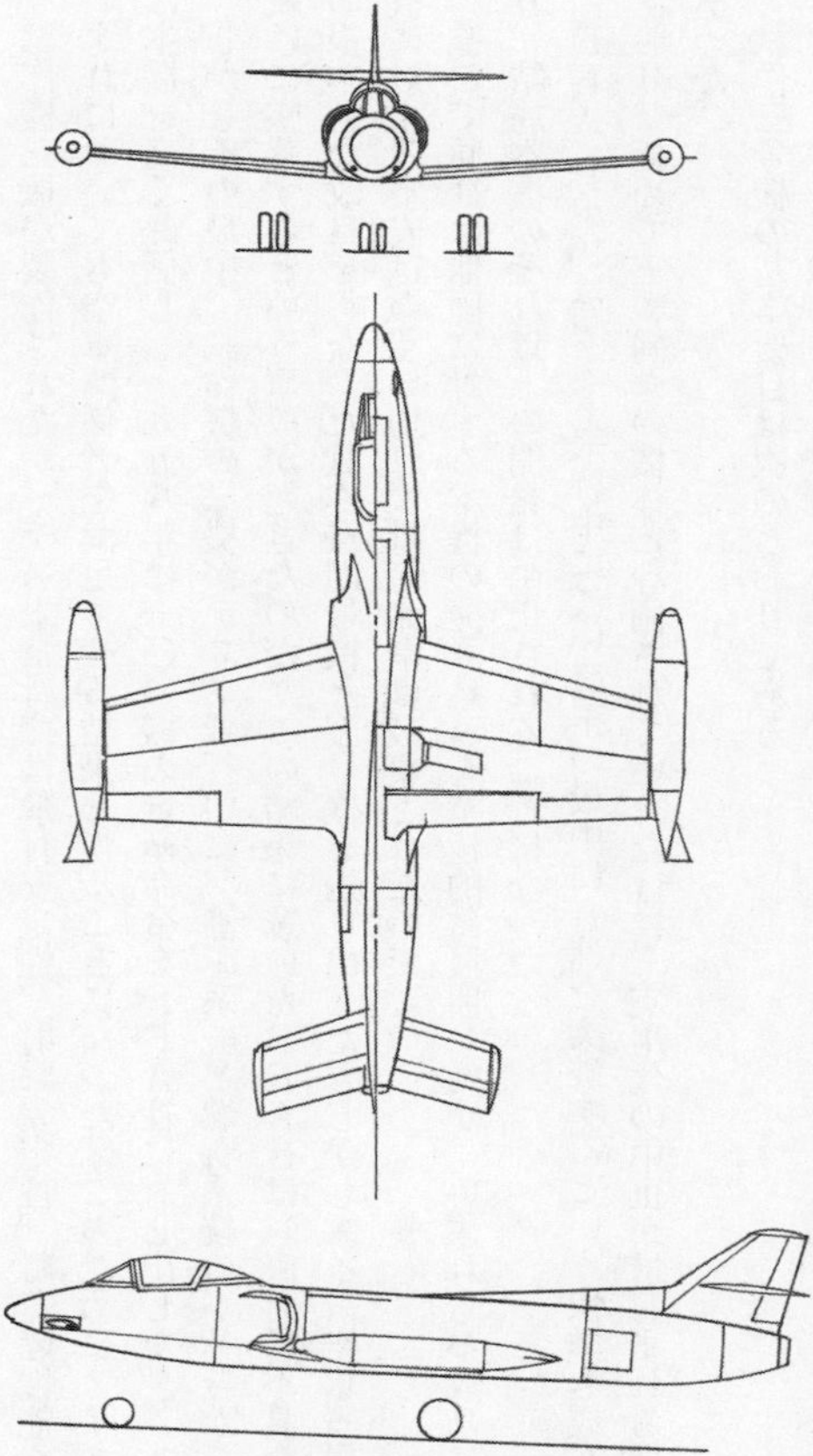

FFA P-16試作地上攻撃機

長一四メートルという、F6F艦上戦闘機より一回り大きく、単座で直線翼を持つ軽快な姿の機体であった。エンジンには推力四一八〇キロのイギリス製アームストロング・シドレーサファイア・ターボジェットが選定された。

試作機三機が製作されたが、テスト飛行では飛行安定性、射撃安定性、離着陸性能など、いずれにおいても空軍関係者を満足させる結果を得ることになった。このためにスイス空軍は本機を高く評価し、一九五八年に一〇〇機の量産命令をFFA社に対し出した。

しかしその最中、試作機の二機がテスト飛行中に、油圧系統と燃料系統の不具合から立て続けに墜落するという事故が起きたのだ。この結果に驚いたFFA社は、直ちに不具合個所の根本的な改良を行なった試作機四号機と五号機を送り出した。しかしスイス空軍当局の本機に対する不安はぬぐい切れず量産命令は破棄されたのだ。

そこで同社は他国に対する本機の売り込みを積極的に展開したが、いずれも不成功に終わり、結局本機のそれ以上の開発は中止されることになった。

FFA P-16はテスト飛行中に浅い降下の最中に音速を突破するという快挙も成しとげており、極めて実戦向きの機体と評価されていただけに、実用化の中止が惜しまれる機体であった。

試作三号機の基本要目は次のとおりである。

全幅　一一・一四メートル

51　④FFA P－16試作地上攻撃機　　スイス

全長　一四・二四メートル
自重　七〇二二キロ
エンジン　アームストロング・シドレーサファイアAs・Sa・7ターボジェット
推力四九八〇キロ
最高時速　一一二六キロ
上昇限度　一万四〇〇〇メートル
航続距離　一五六〇キロ
武装　三〇ミリ機関砲二門
爆弾等二二四〇キロ

⑤中島「橘花」試作特別攻撃機　日本

特別攻撃機「橘花」は、太平洋戦争中に日本が開発・試作し、飛行に成功した唯一のジェットエンジン推進の航空機である。日本海軍は「噴流式推進装置」（ジェットエンジン）の研究は比較的早い時期から開始していた。とくに高品位の燃料が入手できない日本では、低品位燃料でも大きな出力が出せるこのエンジンの実用化に大きな期待がかけられていたのであった。

日本が太平洋戦争勃発直後に手に入れた南方の石油資源も、硫黄分が多い低質石油であったことから、精製されるガソリンもせいぜいオクタン価九〇程度が限界であり、レシプロエンジンに最高の性能を発揮させることが可能な一〇〇オクタン程度のガソリンの入手は、まさに夢の話であり、すみやかな「噴流式推進装置」の開発が待たれていたのである。

日本海軍は昭和十八年（一九四三年）に入り、独自に開発したジェットエンジン（ＴＲ10型）を完成させ、より出力の高いＴＲ12型の試作を進めていた。

まさにこの頃、日本海軍はドイツの最新型ジェットエンジンの実物と図面などの機密資料の入手が可能になったのだ。

日本海軍は太平洋戦争勃発直後から、日独間での機密軍事情報の交換とドイツでは入手困難な南方産鉱物資源の輸送のために、日本から潜水艦を長駆フランスのドイツ海軍潜水艦基地まで派遣する計画を実現させていた。この日独潜水艦連絡航海は昭和十七年四月の第一回航海を含め合計五回実施されたが、往復航海を完全に成功させたのは一回だけで、ほかに帰還の途中シンガポール沖や南シナ海で撃沈されたもの二回、往路に撃沈されたもの二回という結果となった。

この日独潜水艦連絡の第四回目のとき、イ二九潜水艦は帰還の際に、ドイツの最新設計のジェットエンジン（ＢＭＷ003Ａ）の実物一基と同エンジンの関連詳細図面など一式が積み込まれたのであった。本艦は無事に帰途シンガポール寄港を終え、日本に向かった。しかし不運にも伊二九潜は南シナ海で米潜水艦の雷撃を受け撃沈されてしまったのである。

ここに日本海軍が喉から手が出るほどほしかった、ドイツの最新型ジェットエンジンに関わるすべての資料を失うことになったのであった。昭和十九年七月二十六日のことであった。

このとき資料の入手のためにドイツに派遣されていた技術士官が、途中のシンガポールで下船し飛行機便で日本に向かうことになった。彼はジェットエンジンに関わる膨大な量の図面や設計資料を持参することはなく艦に残し、簡単な資料のみを持参して空路帰国したのだ。

結局日本海軍はＢＭＷエンジンの正確な複製品を製作することはできなかったが、技術士官が持参したわずかの資料と、彼の頭の中に残されていた同エンジンに関わる記憶（構造や材料および仕組みなど）をもとに、国産のTRエンジンを改良し、昭和二十年に入り日本初の軸流圧縮式のターボジェットエンジン（ネ20）を完成させたのであった。

このエンジンは全長一八〇〇ミリ、直径六二〇ミリ、重量四七四キロのエンジンで、その出力（推力）は四七五キロであった。

海軍はエンジンの耐用試験を終えると直ちに搭載する機体の設計に入り、続いて試作一号機の製作に入ったのだ。本機はエンジン出力が低いためにエンジンを双発配置とし、機体の呼称は特別攻撃機「橘花」と命名された。

試作された機体の基本要目は次のとおりであった。

全幅　一〇・〇〇メートル
全長　九・二五メートル
自重　二三〇〇キロ
エンジン　ネ20ターボジェット二基
　推力四七五キロ×二
最高時速　六七七キロ（予定）
航続距離　六八〇キロ
上昇力　一万メートルまで二六分

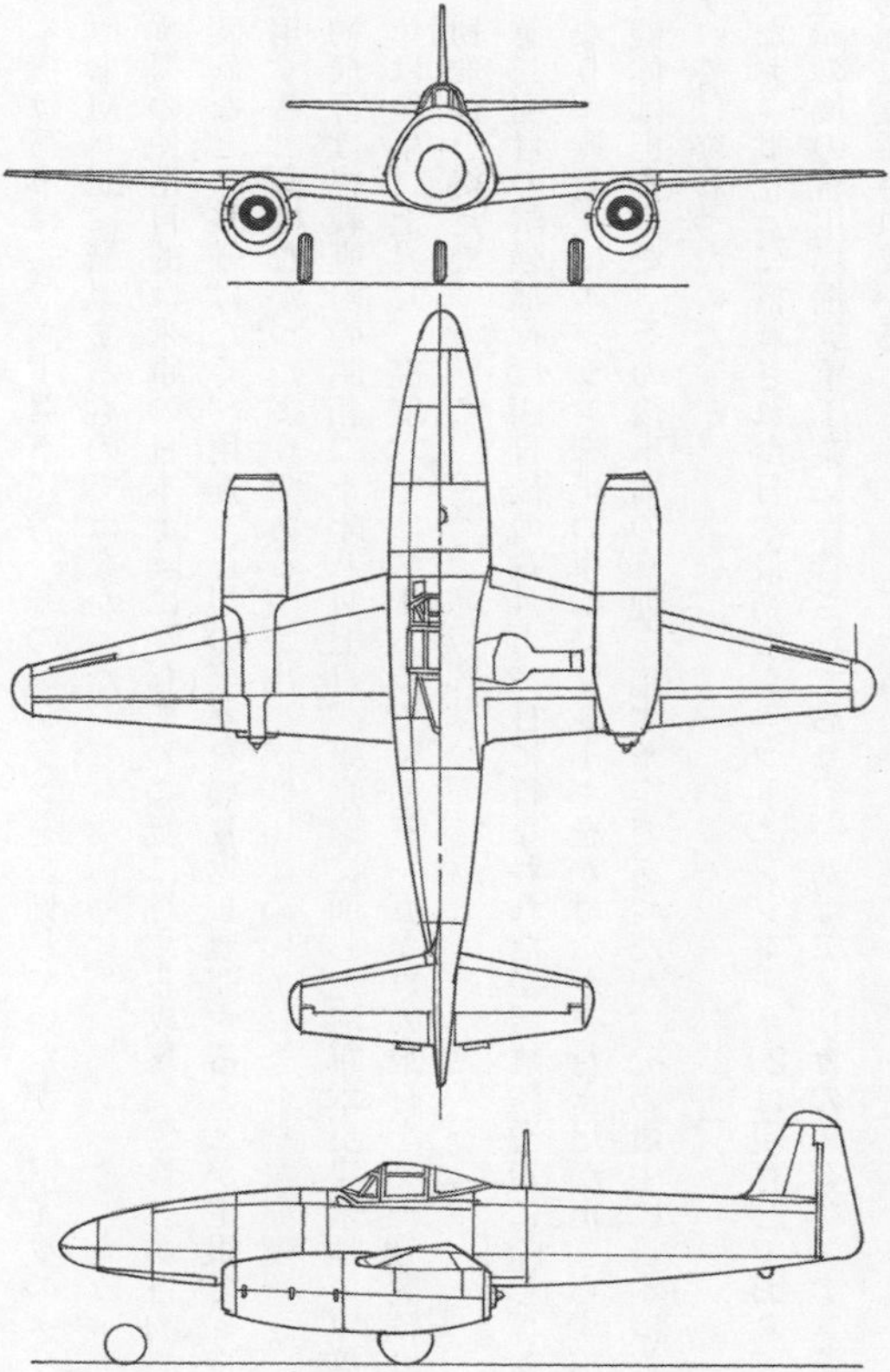

中島「橘花」試作特別攻撃機

武装　五〇〇キロまたは八〇〇キロ爆弾

本機は三車輪式で両主翼下に各一基のエンジンを装備していたが、ドイツのメッサーシュミットMe262に酷似するものではなかった。

本機の使用目的は米軍の日本上陸に際しての艦艇に対する攻撃（爆撃）が目的で、当面は機関砲などの装備はなく、用途も正規の爆撃を繰り返し展開することが主眼で、特攻作戦に転用する計画はなかったようである。

初飛行は終戦直前の昭和二十年八月七日、東京湾に面した海軍木更津基地で実施された。機体は無事に上昇し、高度六〇〇メートルで時速三一五キロの飛行を一一分間続けて、無事に初飛行を終えた。

第二回目の試験飛行は四日後の八月十一日に行なわれたが、離陸滑走に際しエンジン不調となり、操縦士はエンジンを止め車輪にブレーキをかけたが、行き足が止まらず前輪を破損し機体は止まった。その後車輪の修理を施す予定であったが、その最中に日本は終戦を迎え、すべては終わったのだ。

なお「橘花」に搭載された日本最初のジェットエンジン・ネ20は現存しており、一基は製造元の後の石川島播磨重工業に保管されており、一基はアメリカのスミソニアン航空宇宙博物館に展示されている。

⑥ヒンドスタンHF24「マルート」戦闘機　インド

本機は開発後にインド空軍に制式採用されたが、その数は少なくまたインドで開発された最初のジェット軍用機として、ここでは試作機の範疇で取り上げることにした。

インド空軍は第二次世界大戦後半にはイギリス空軍の指揮下で、戦闘機や爆撃機の部隊を組織し対日戦闘に参加していた。そして一九四六年（昭和二十一年）春には、「スピットファイア」戦闘機（Ｍｋ８型）で装備された一個中隊が、イギリス連邦軍の一員として日本の広島県岩国基地に進駐していた。

インド空軍はインドの独立とともに、大戦中にイギリス連邦軍の一員として活動していた戦力が主体となり、独立インド空軍として組織された。使用する機体はイギリスから購入あるいは譲渡されたレシプロ戦闘機や爆撃機が戦力の中心となっていた。そして一九五〇年代後半頃から第一線軍用機のジェット化が進められ、イギリスからグロスター「ミーティア」などの戦闘機を購入し、戦力の充実を図っていた。

そのようなかでインド空軍は独自に超音速ジェット戦闘機の開発をスタートさせることになった。開発の担当はインドの代表的な製造会社であるヒンドスタン社であった。そしてインドは当時アルゼンチンに在住していたドイツの著名な戦闘機設計者クルト・タンク氏を招請したのであった。

この機体の開発は当初の計画から大幅に遅れることになり、スタートしたのは一九五〇年代後半に入っていた。そのために本機はすでに黎明期のジェット軍用機として取り上げるにはふさわしくない存在になるが、インド初のジェット軍用機の開発を紹介するためにあえて取り上げることにした。

一九五五年にインドに渡ったクルト・タンク設計陣一行は、ヒンドスタン社において早速、新型ジェット戦闘機の開発作業に着手した。開発する戦闘機はインド空軍の要求を取り入れ、まったく独自の戦闘機の開発となった。しかし本機の開発は当初の計画より大幅に遅れることになった。その原因は満足できる性能を保証するジェットエンジンの入手が困難であったことだった。そして選ばれたエンジンは、イギリスのブリストル・シドレー・オーフューズ・エンジン（推力三四〇〇キロ）となった。

設計する機体はこのエンジンを二基装備することが前提となっていた。しかしこのエンジンも設計陣が期待する性能をカバーすることが困難と判断され、最終的にはオーストリアのフェルジナンド・ブランドナーの開発による、ブランドナーE300に決定したのだ。このエンジンはほとんど無名のエンジンであるが極めて高性能なエンジンで、その出力は推力三四〇

　⑥ヒンドスタンHF24「マルート」戦闘機　　インド

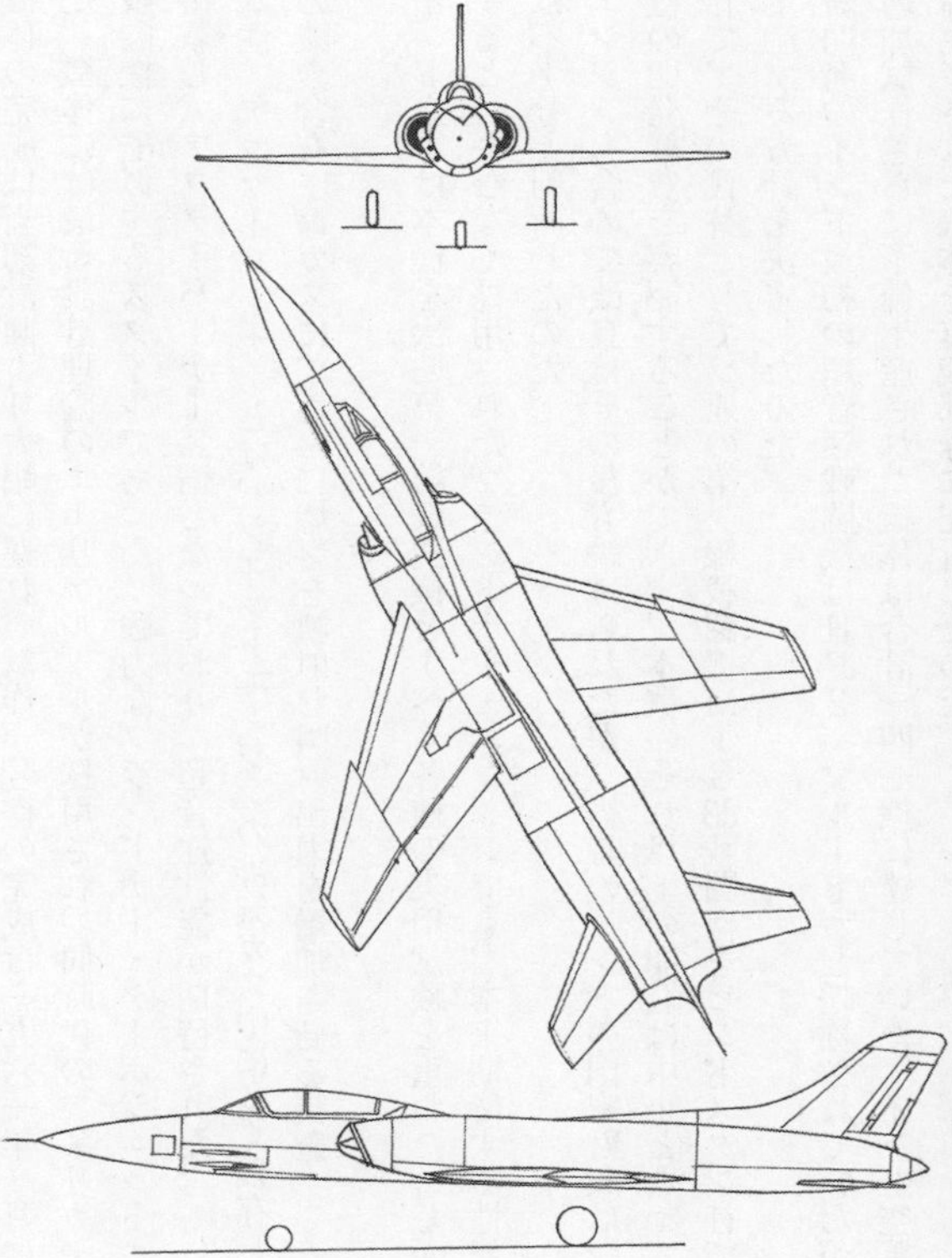

ヒンドスタンＨF24「マルート」戦闘機

〇キロでアフターバーナー使用時には推力五〇〇〇キロを発揮できた。

機体の完成は当初計画より大幅に遅れ、試作一号機の完成は一九六一年一月にずれ込んでいた。機体には最新設計理論のエーリアルールが採用され、同時代のアメリカやソ連の第一線戦闘機に酷似するスタイルであった。強力なブランドナー・ターボジェットエンジンを二基搭載し、アフターバーナー装備となっており、超音速性能が期待された。
（注）アフターバーナーとは、ジェットエンジンの排気ガス中に多く残存している高温の酸素含有圧縮ガスに、さらに燃料を噴射し噴射出力を増加させる装置。

インド空軍は本機を次期第一線戦闘機とすべく各種の実用試験を重ねた。しかし設計陣からすると、やむなく採用されたブランドナー・エンジンでも、本来期待する性能を発揮するには不十分と判断したのだ。

エンジンも含めて改良はその後も続けられたが、当時のインドの国家財政は膨らみ続ける本機の開発経費を容認することができず、本機のそれ以上の開発は中止となってしまった。そして、その代替としてソ連の第一線戦闘機ＭｉＧ23戦闘機をヒンドスタン社でノックダウン生産する方針を決定したのだ。

新開発のインド最初の超音速戦闘機はＨＦ２「マルート」と呼称されていたが、開発段階で増加試作さらに予備生産された機体は合計一四七機に達していた。インド空軍ではこれら予備生産された機体を実戦部隊に配置したのだ。

「マルート」編成の部隊は本機を地上攻撃機として使うことになり、事実一九七一年に勃発したインド・パキスタン戦争では「マルート」は多数出撃している。そして敵機との空中戦の実績はなかったが、地上攻撃に活躍している。この戦いで本機は敵地上砲火により合計六機を失った。

本機は設計陣よりエンジンの優劣を問われていたが、実際には時速二〇四〇キロ（マッハ一・七）を発揮しており、優れた性能の持ち主であったことは確かであったのだ。世界のジェット戦闘機史上の知られざる傑作機の一機と呼ぶことができよう。

その後「マルート」は一九八五年には実戦部隊から退役した。

本機の主な要目はつぎのとおり。

全幅　九・〇一メートル
全長　一五・八七メートル
自重　六一三〇キロ
エンジン　ブランドナーE300ターボジェット
　推力三四〇〇キロ
　推力アフターバーナー作動時：合計五〇〇〇キロ
最高時速　一七〇〇キロ
上昇限度　一万八五〇〇メートル

航続距離　一四八〇キロ
武装　三〇ミリ機関砲四門
　　　爆弾等一八〇〇キロ

⑦EGAOヘルワンHA300試作戦闘機　エジプト

ドイツの著名な航空機設計者のウイリー・メッサーシュミットは、一九五五年まで国内で、航空機製造を含むドイツ防衛に関わるすべての研究・開発行為への参加を禁止されていた。それゆえ彼は戦後スペインに移住し、同国に航空機メーカーであるヒスパノ・アビアシオン社を立ち上げた。そして彼はここで同国用の軽量戦闘機の開発を開始した。しかし様々なトラブルが発生したことにより、スペインはこの開発を放棄することになった。

その後エジプトがこの開発途上の軽量戦闘機の設計・開発権を購入することにより、メッサーシュミットは開発陣とともにエジプトに移住することになった。そしてこの軽量戦闘機を「ヘルワンHA300」として開発を続けることになったのである。またエジプトは同時にオーストリアのジェットエンジン開発者であるフェルジナンド・ブランドナー技師をエジプトに招請し、彼独自の開発によるブランドナー・エンジンの開発を継続することになったのだ（このとき開発されたブランドナー・エンジンがインドで開発中の「マルート」戦闘機のエンジンとして採用されたことは前記のとおり）。

エジプト空軍はここで開発される戦闘機を同国空軍の次期戦闘機として採用する計画であった。エジプト初のジェット戦闘機の開発には六年の時間を要した。そして一九六四年三月にエジプト初のジェット戦闘機は試験飛行にこぎつけた。

機体の呼称は「ヘルワンＨＡ300」とされた。本機のエンジンには当初イギリスのブリストル・オーフューズＢＯＲ12ターボジェットエンジンが搭載される予定であったが、途中よりブランドナーＥ300エンジンの採用が決まった。しかし試作第一号機には当初搭載予定であったオーフューズ・エンジンが搭載された。

試作機の速度試験では音速を超える最高時速一三六〇キロを発揮、本機の高性能ぶりの一端を見せることになった。しかし本機のこれ以上の開発計画は突然、中止となったのである。理由は時あたかも中東戦争勃発と重なり、軍事予算の膨張する中で、さらなる開発費用が必要とされる本機の以後の開発は不可能と判断されたためであった。

結局エジプト（アラブ連合としても）最初の超音速ジェット戦闘機の開発は試作機の完成で終わりを告げたのである。

「ヘルワンＨＡ300」戦闘機は、偶然にも同時期に同じドイツ人設計者が開発したインドの「マルート」と比較されがちであるが、「マルート」の空気取り入れ口には空気抵抗の少ないショックコーンの装備や、胴体に最新技術のエーリアルールが採用されているなど、「マルート」の方が超音速機体としては一歩進んだ設計になっていたと判断されている。

65　⑦EGAO ヘルワン HA300 試作戦闘機　　エジプト

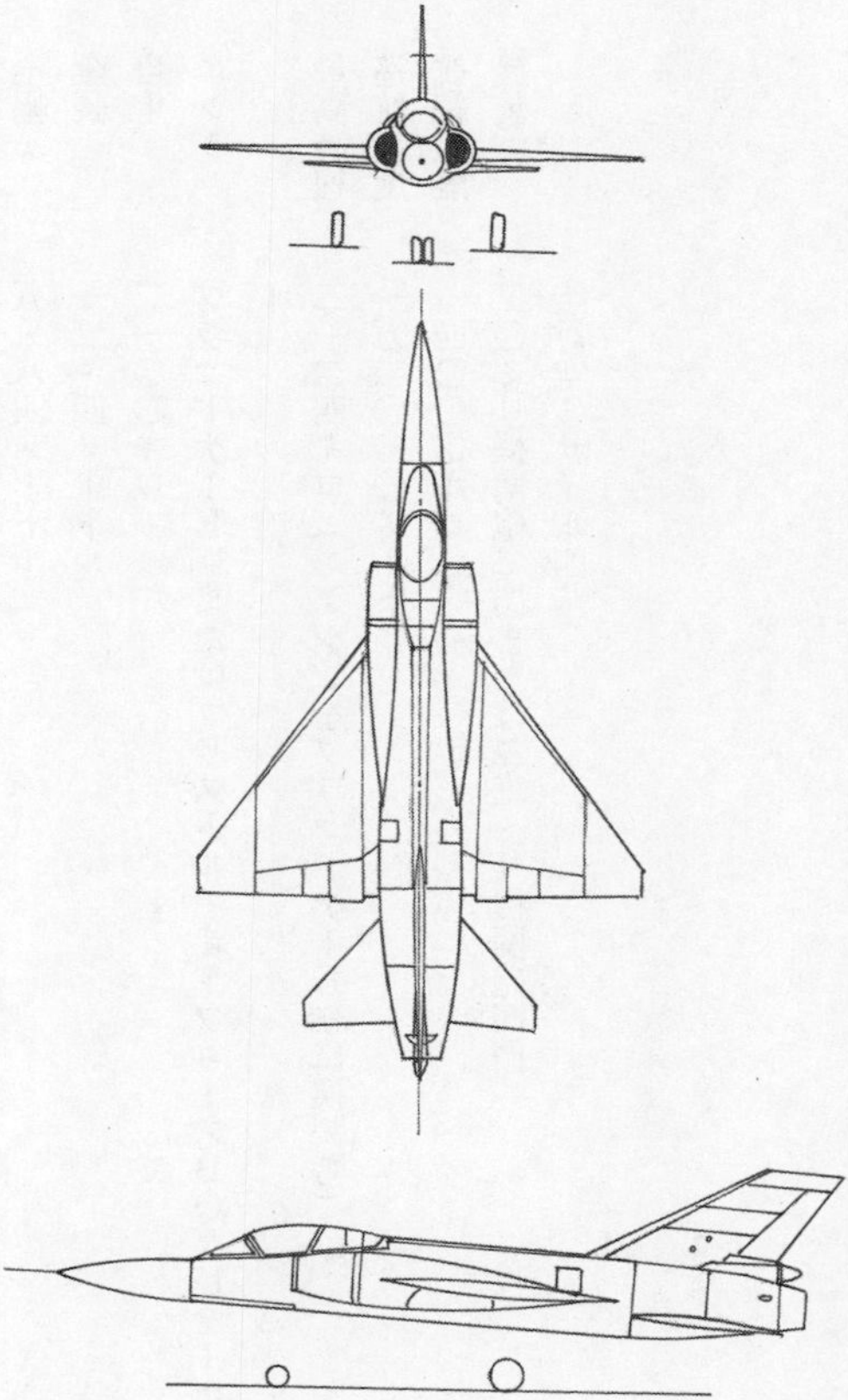

EGAOヘルワンHA300試作戦闘機

「ヘルワンＨＡ300」の基本要目は次のとおり。

全幅　　　　五・八四メートル
全長　　　　一二・四メートル
自重　　　　二一〇〇キロ
エンジン　　ブラッドナーＥ300またはブリストル・オーフューズＢＯＲ12ターボジェット
最高時速　　二二四キロ（エンジンをブラッドナーＥ300に換装時）
巡航高度　　一万二〇〇〇メートル
航続距離　　一四〇〇〇キロ
武装　　　　三〇ミリ機関砲二門または二三ミリ機関砲四門
　　　　　　空対空ミサイル四基

第2章　ドイツ

①ハインケルHe280試作戦闘機

ハインケル社は一九三九年に、世界最初の本格的なジェット推進航空機Ｈｅ178の飛行を成功させた(イギリスは一九四一年に世界で二番目のジェット推進航空機、グロスターＧ40の飛行に成功している)。

ハインケル社はこの成功に引き続き、世界で最初のジェット推進戦闘機の設計を開始した。このとき同社は各種テスト用に合計五機の試作機を製作する計画であった。そして早くも一九四〇年九月に試作一号機を完成させたが、肝心の搭載すべきジェットエンジンの耐久試験が終了していなかったために、この間にエンジンを搭載していない機体は他機の牽引による滑空試験を行なうことになり、機体そのものの安定性を確認することができたのであった。

その後エンジンが搭載されたが、エンジンはハインケル社開発の推力六〇〇キロのハインケル・ヒルトＨｅＳ８エンジンであった。

エンジン出力が低いことが予想されていたために本機は双発機として設計されており、エンジンは両主翼下に搭載された。本機の胴体は円形断面の細造りの極めてスマートな形をしていたが、主翼はレシプロエンジン戦闘機同様の、主翼前端直線で後端に強いカーブを持たせた独特の形状となっていた。また尾翼は双垂直尾翼であった。なお本機はドイツ戦闘機としては初の三車輪式となっている。

本機の最大の特徴は、高速機体であることから世界で最初の脱出用の射出座席が搭載されていることであった。実はこの射出座席は早速、その効果を発揮したのであった。

一九四二年一月に試作一号機のテスト飛行が行なわれたが、このとき飛行中にエンジン不調となりバランスを失い、機体は不時降下を始めたのだ。ここでパイロットは射出座席を作動させ、無事に脱出した。この事実は世界最初の射出座席使用例として記録された。

テスト飛行の最中により強力なエンジン（推力七〇〇キロ）が開発されたために、エンジンを交換したところ飛行性能が格段にアップすることが確認できた。そして当時最優秀の飛行性能を持っていたフォッケウルフFw190Aレシプロ戦闘機との模擬空中戦では、本機は圧倒的に優位な成績を示すことになった。

この結果を見据えハインケル社は航空本部に対し、本機の実用化・量産要請を提出した。しかし航空本部は「エンジンの信頼性不足」を理由に本機の量産化を破棄したのだ。

不可解な成り行きであった。ハインケル社が開発した航空機に対する当時の航空本部の対応には納得のいかないことが多く、他にも類似の事例が起きていたのだ。原因はハインケル社と航空本部との間に軋轢が生じていたとされているが、その実態は不明である。

　①ハインケルHe280試作戦闘機

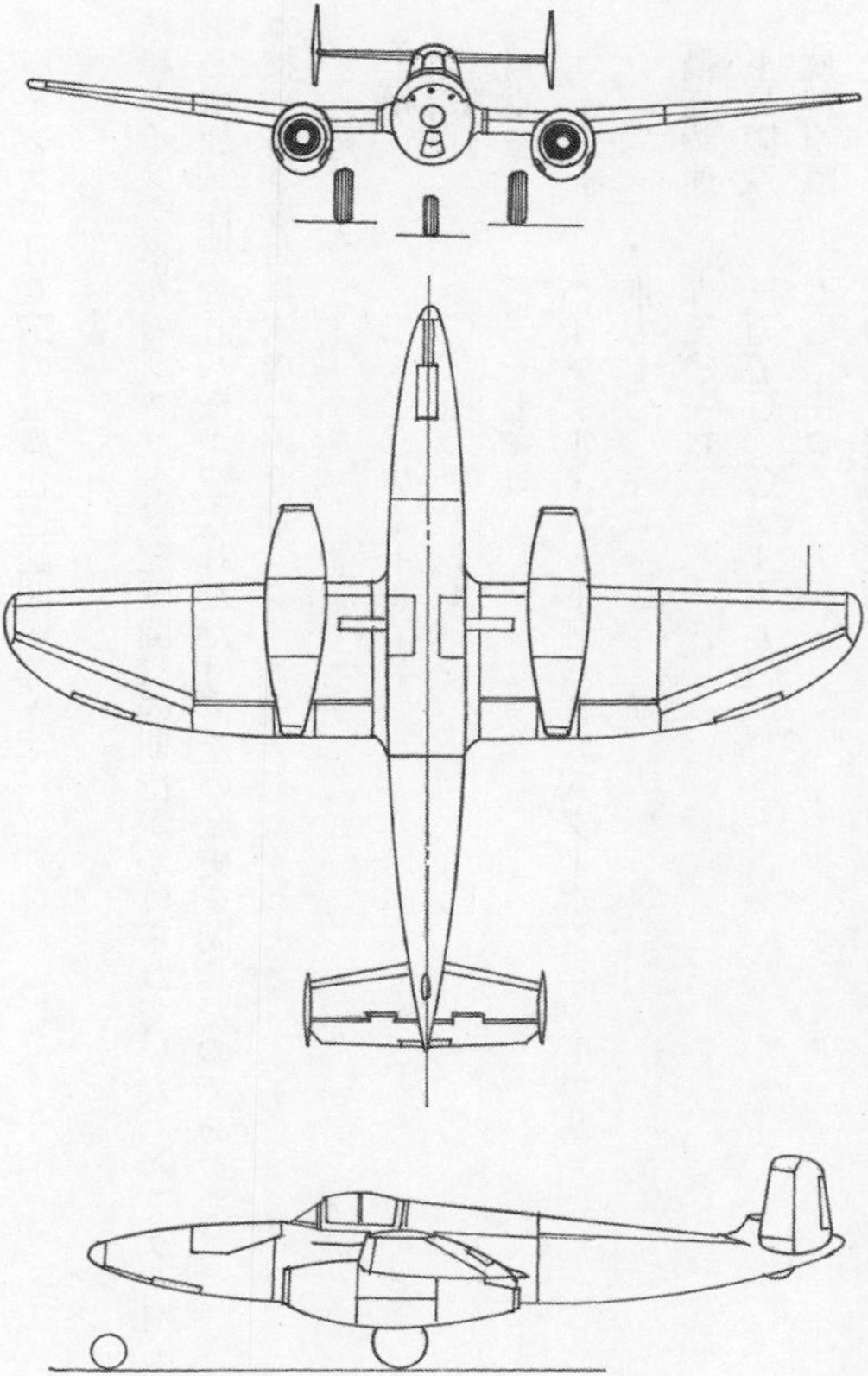

ハインケルHe280試作戦闘機

（注）メッサーシュミットＢｆ109戦闘機より高性能であったハインケルＨｅ100戦闘機の不採用問題。高性能な夜間戦闘機ハインケルＨｅ219の量産化遅延問題。高性能四発爆撃機ハインケルＨｅ277の量産化遅延問題等々。

結局ドイツ空軍初のジェット推進戦闘機の期待がかけられていたハインケルＨｅ280は、試作機と増加試作機合計八機が造られただけでその歴史を閉じたのであった。

本機の基本要目は次のとおり。

全幅	一二・〇〇メートル
全長	一〇・四〇メートル
自重	三二一七キロ
エンジン	ハインケル・ヒルトＨｅＳ８Ａターボジェット二基 推力七〇〇キロ×二
最高時速	九三〇キロ
上昇限度	一万五〇〇〇メートル
航続距離	七〇〇キロ
武装	二〇ミリ機関砲三門

②ユンカースJu287試作爆撃機

本機は実験的な要素を含んだジェットエンジン推進の爆撃機として試作された機体である。本機の最大の特徴は、主翼に前進角がつけられた前進翼を付けた機体であることで、これは本格的な航空機としては世界で初めての試みといえるものである。

ドイツは多発のジェットエンジン推進爆撃機の開発の段階で、初期のジェットエンジンの難点であった低い推力に対する離陸時の揚力向上対策として、主翼に前進角を付けた主翼が効果的であるという理論（ドイツのハンス・ヴォッケ博士の理論）に基づき、ユンカース社は次期爆撃機として前進翼付きの爆撃機の試作に入った。

試験的要素の強い機体であるにもかかわらず、ドイツ空軍は開発段階で早くも本機の正規の爆撃機としての開発に積極的な姿勢を示し、試験機の試作と同時進行で爆撃機の設計も開始された。

試作機は一九四四年八月には完成したが、この試作機には特異な特徴があった。ユンカース社は新たな設計の手間と製作時間を省略するために奇抜なアイディアを実行したのだ。その内容とは、新しく設計・製作されたのは主翼だけで、機体のほかの部分はすべて既存または廃棄部材を応用したのだ。たとえば胴体は生産中のユンカースJu177爆撃機のもの、尾翼は試作中のユンカースJu388爆撃機のもの、主車輪はJu352輸送機、そして三車輪式の首車輪にはなんとドイツ本土に不時着したコンソリデーテッドB24爆撃機の首車輪が使われたのだ。

主翼の前進角度は三〇度とされ、エンジンは推力八三九キロのユンカース・ユモ004Bが四基（合計推力三五七二キロ）搭載となった。主翼は中翼式で胴体内には四トンまでの爆弾が搭載できる爆弾倉の配置が予定された。

この機体の四基のエンジンの配置は極めて独創的であった、主翼下面に各一基のエンジンポッドが搭載され、機体重心の調整も兼ね機首の両側下面にも左右各一基のエンジンポッドが取り付けられた。

ドイツ空軍はすでに一九四四年後半からジェットエンジン推進のアラドAr234双発爆撃機を実戦に投入していたが、この頃のドイツ空軍は連合軍側の膨大な量の戦闘機と爆撃機に立ち向かうために、戦闘機の増産が進められていると同時に、爆撃機の高速化による攻撃態勢の強化を図ろうとしていた。つまり連合軍側の戦闘機より時速一五〇キロ以上の速度差の爆撃機を投入し、効果的な反撃を狙っていたのであった。

ドイツ空軍が投入していたアラドAr234爆撃機は、少数ながら高速による有利な攻撃を展

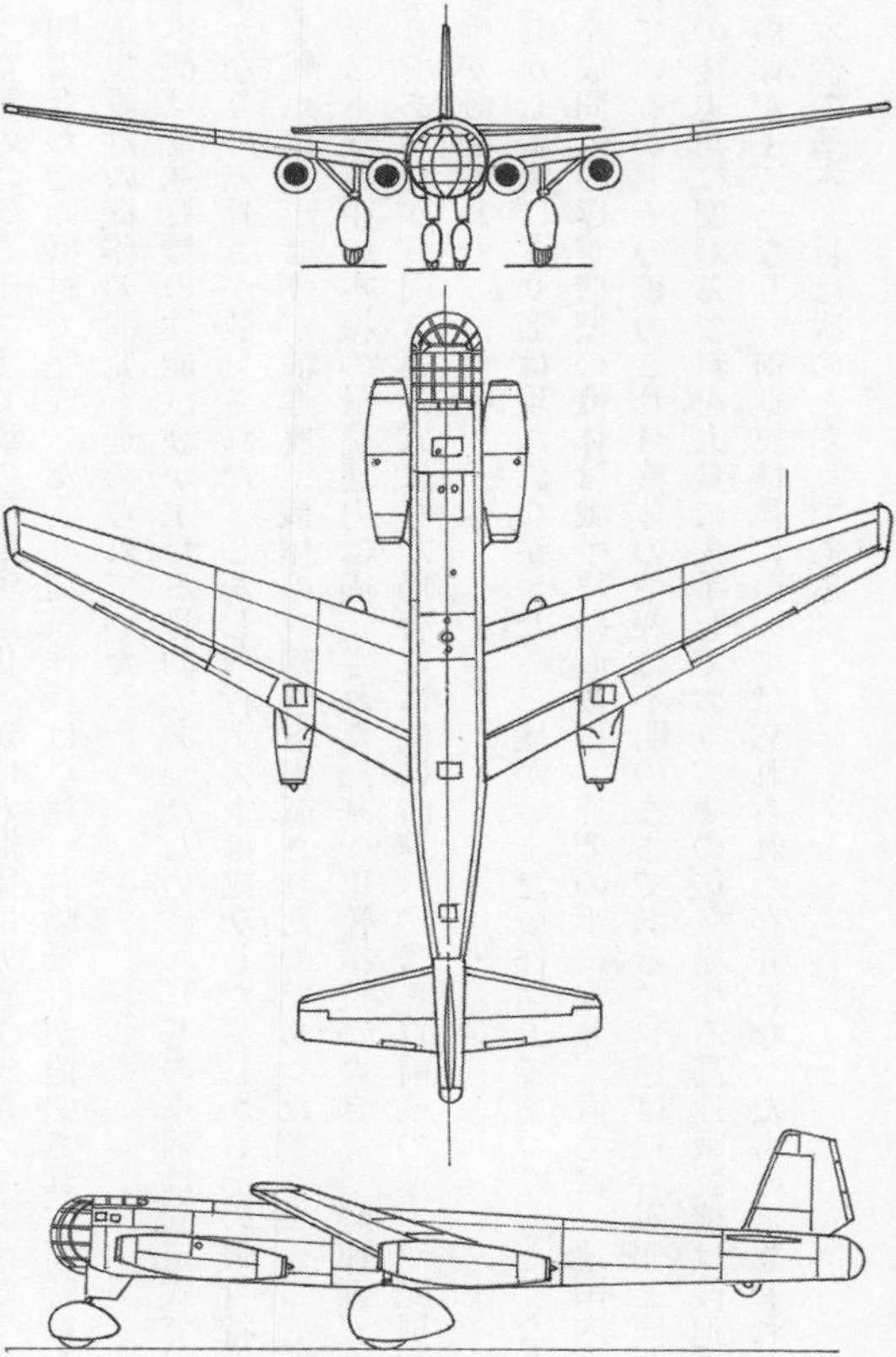

ユンカース Ju287 試作爆撃機

開していたが、機体が小型に過ぎて満足な攻撃力を備えていなかった。このことを踏まえドイツ空軍のユンカースＪｕ287の早期実用化へかける期待は大きかったのであった。

間に合わせの機材で完成したＪｕ287試作機は早速、試験飛行が開始され、同時に爆撃機型の正規設計の機体の開発も進められていた。

本機は前進翼機の性能試験が主たる目的であったために、三基の車輪は固定式で、細部にはかなりの無骨さが散見された。しかし飛行テストは成功した。しかもその飛行特性には大きな難点は見出せず、前進翼型機体の有効性も実証されたのであった。

テスト飛行中の本機の最高速力は固定された三基の車輪抵抗が大きく、時速五五九キロ止まりであったが、引き込み式にした場合には優に時速八〇〇キロ前後の速力が発揮できる可能性が証明された。

しかし戦場にＪｕ287は現われなかった。二機がいまだ製作途上であったのだ。なお試作機と完成間近の爆撃機型の機体は戦争終結直後にソ連側の手に入り、直ちにソ連国内に輸送されているが、その後のこれら機体の情報は不明のままである。ソ連は連合軍側と同じくドイツの後退角に関わる資料を大量に入手しており、その後登場する高速戦闘機は後退角翼装備の機体が主流となり、前進翼機体については忘れられた存在になったものと思われる。

本機の基本要目は次のとおりである。

全幅　二〇・一一メートル

全長　一八・三〇メートル
自重　一万二五〇〇キロ
エンジン　ユンカース・ユモ004B1ターボジェット四基
推力八九三キロ×四
最高時速　七八〇キロ（計画）
航続距離　一五七〇キロ（計画）
武装　一五ミリ機関銃二梃（機尾銃座）
爆弾四〇〇〇キロ

③ホルテンHo Ⅸ（ゴータGo229）試作戦闘機

一九四二年にドイツ空軍は全翼式戦闘機の開発を開始した。その基本になった機体は、若い天才的飛行機設計者であるホルテン兄弟（兄ヴァルター、弟ライマー）が開発した全翼式グライダーにあった。

ホルテン兄弟は全翼式グライダーを基本理論として、ジェットエンジン推進の全翼式戦闘機の設計を開始したのだ。その機体は一九四四年六月に完成し、ジェットエンジン未搭載で他機に曳航されての試験飛行に成功した。そして間もなく搭載するジェットエンジンの完成とともに、同エンジンを搭載した試作二号機が完成し試験飛行を開始した。その結果は予想どおりの高性能ぶりを発揮することになった。

本機のエンジンは推力八九〇キロのユンカース・ユモ004Bターボジェットエンジンで、二基が搭載された。機体は平面型が洋凧（カイト）と同じで翼中央部分に操縦席が設けられ、その両側にエンジンが搭載される形態となっていた。

79　③ホルテン Ho Ⅸ（ゴータ Go229）試作戦闘機

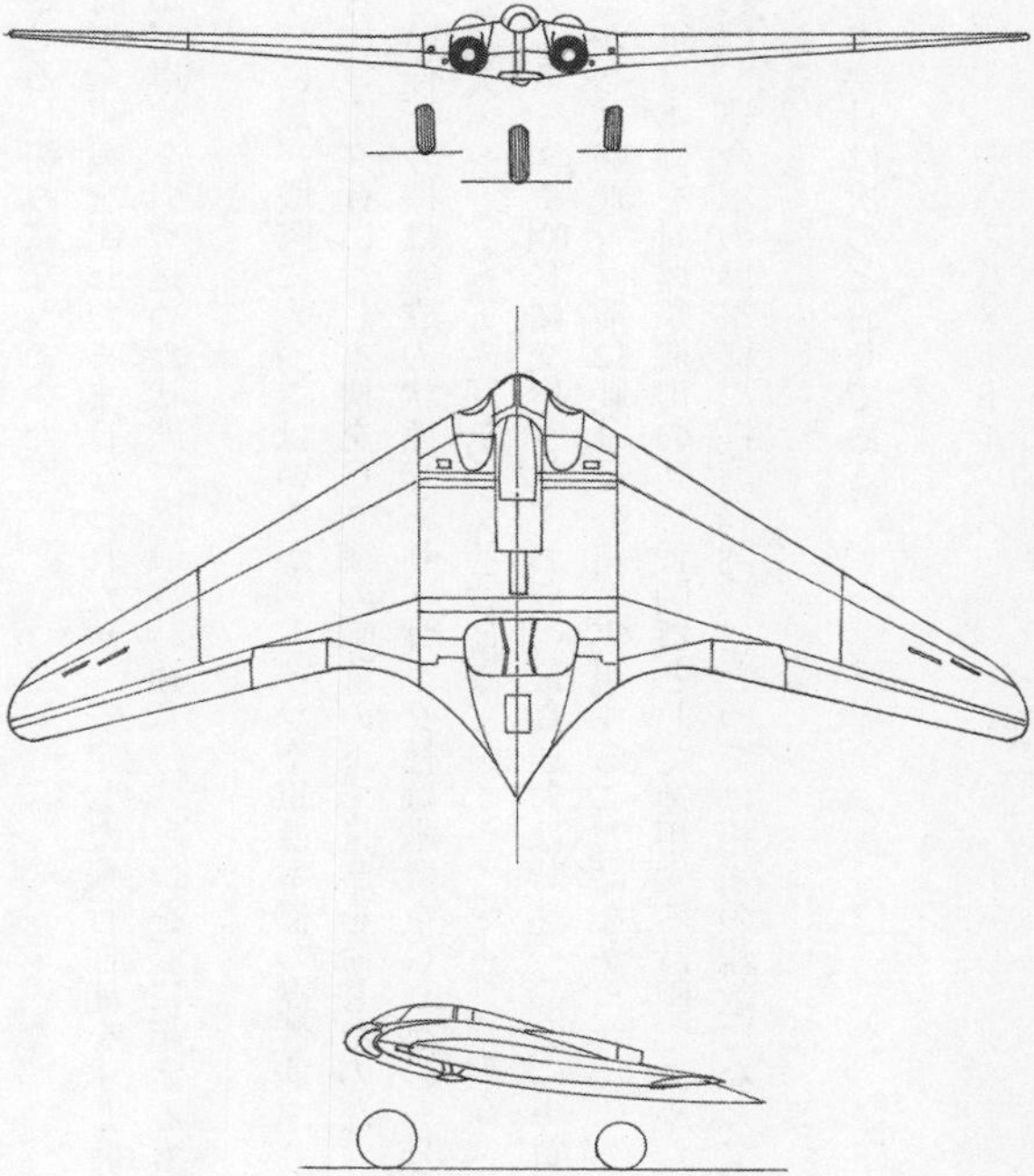

ホルテンHoIX（ゴータGo229）試作戦闘機

車輪は三車輪式であるが、機体重心の関係から首車輪が大きく、機体重量の約半分を首車輪に負荷させる仕組みになっていた。

試験飛行は全車輪を出したまま行なわれたが、安定した飛行性能を示し時速三〇〇キロを記録したが、車輪を引っ込めた状態では最高時速八〇〇キロを優に超えるものと推測されていた。

戦争はすでに最終段階に入ってはいたが、ドイツ空軍は本機の高性能ぶりに注目し、一九四五年三月にゴータ社に対し本機をＧｏ229の呼称の下で量産を命じたのだ。

このとき試作三号機は完成の状態であり、ゴータ社は本機をＧｏ229の一号機と位置づけて量産の準備に入った。ちなみにこの試作三号機のエンジンはより強力な（推力一〇〇〇キロ）ユンカース・ユモ004Ｃに交換されており、最高速力は時速一〇〇〇キロが予想されていたのだ。しかし試験飛行直前に戦争は終結し実現することはなかった。

ドイツ空軍は本機を対爆撃機用の防空戦闘機として運用する計画であった。もし戦場に現われていれば、連合軍の爆撃機や援護戦闘機にとっては相当の難敵になっていたことが想像されるのである。

本機の基本要目は次のとおりである。

全幅　一六・八メートル
全長　七・五メートル

自重　四六〇〇キロ
エンジン　ユンカース・ユモ004Cターボジェット二基
　推力一〇〇〇キロ×二
最高時速　一〇〇〇キロ（計画）
上昇限度　一万五三〇〇メートル（計画）
武装　三〇ミリ機関砲四門

④メッサーシュミットP・1101試作戦闘機

本機は戦闘機設計者ウイリー・メッサーシュミットが一九四四年初めに、次期戦闘機の開発のために独自に設計を開始したジェットエンジン推進の戦闘機である。そして一九四四年七月に早くも試作が始まったが、その基本設計と設計理論は当時のジェット推進航空機の最先端を行くものであったことが、後の調査で証明されることになったのである。本機の形態は、その後連合国側やソ連圏で開発された多くのジェット戦闘機の設計に影響を与えることになった。

P・1101の設計に際しては、当時すでにドイツ航空機設計者たちの間で基本理論として確立していた主翼の後退角理論をより正しく実証するために、主翼の取り付け角度を三〇～四五度の範囲で変更できる、可変翼の構造が取り入れられていた。但し試作機の製作にあたっては主翼角度を四〇度後退角で固定するように設計されていた。

本機の試作は連合軍の爆撃の激化するなかで困難を極めたが、最終的にはドイツ南部のス

83　④メッサーシュミット P.1101 試作戦闘機

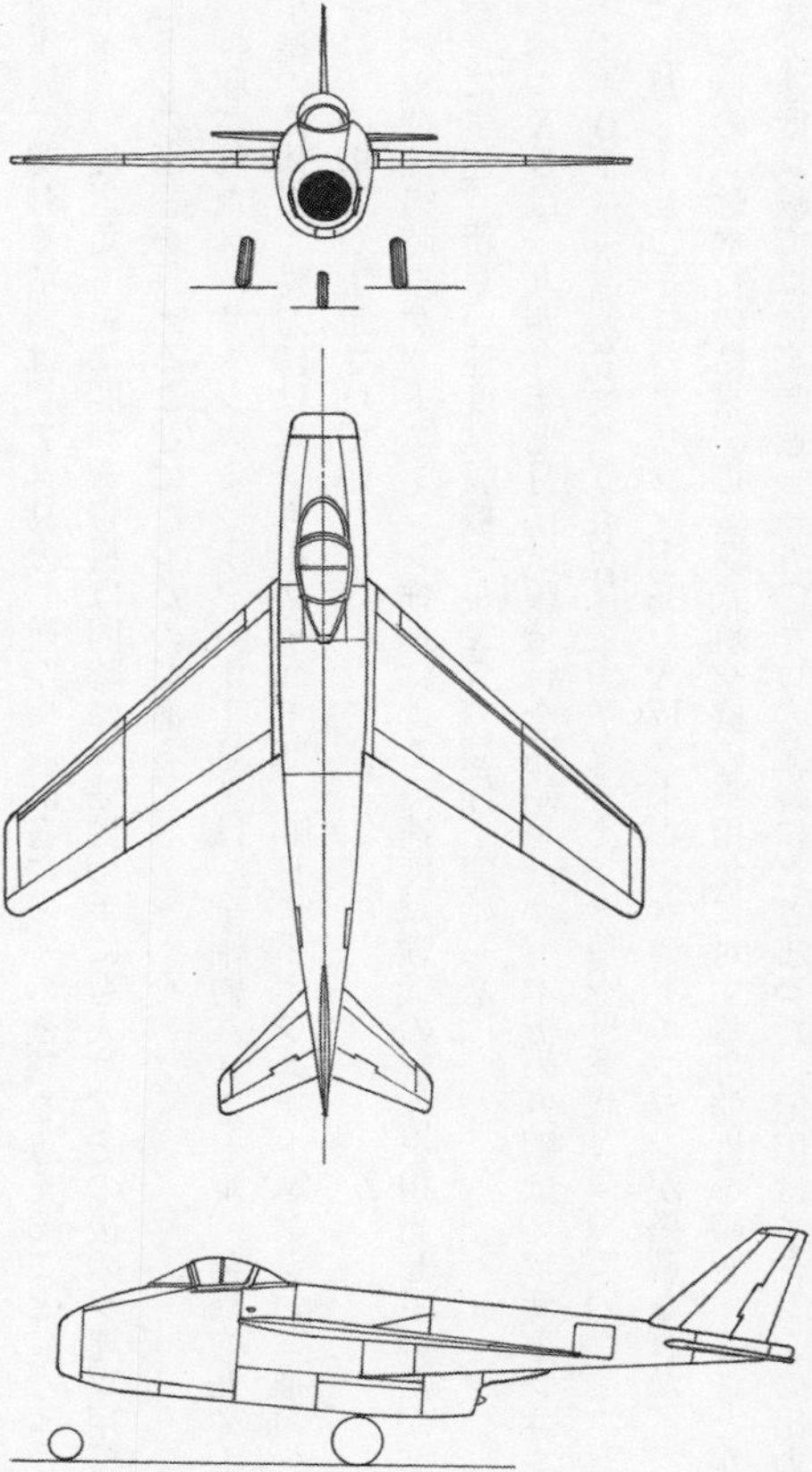

メッサーシュミットP.1101試作戦闘機

イス国境近く、チロル地方の山岳地帯に設けられたトンネル製作所で試作は続けられた。そして戦争終結時点では機体はほぼ完成の状態にあったが連合軍に接収されたのであった。

完成間近の機体と設計図を含めた関連資料の一切は米軍の手に入り、直ちに本国のベル航空機会社に送り込まれた。このとき押収された資料やほかの場所で押収されたドイツの後退角主翼に関わる情報は、アメリカの航空機設計者に多くの衝撃を与えることになった。またドイツの後退角主翼に関わる資料は同時にソ連側の手にも入り、その後のソ連軍用機の進化に多くの影響を与えることになったのである。

押収されたメッサーシュミットP・1101は、全幅約八メートル、全長約九メートルと小型の機体で、動力にはユンカース・ユモ109－004Bターボジェットエンジン（推力一三〇〇キロ）の搭載が予定されていた。

ベル社は当時ロケットエンジン推進による高速度試験機の製作を担当していたが、本機を参考に早速、新しい速度試験機ベルX5の製作を開始した。

ベルX5は一九四九年七月に試験飛行を開始したが、本機の外観はメッサーシュミットP・1101に近い姿となっており、主翼もアメリカ初の可変式となっていた。エンジンには推力二二五〇キロのアリソンJ35－A17ターボジェットエンジンが搭載された。

本機の試験飛行の結果、可変翼式航空機の実用化に対する可能性を確認することができたが、速度試験では最高時速一一五〇キロの記録にとどまった。原因はエンジンの出力不足と考えられた。

ベルX5試験機の実験結果は、その後のアメリカ空軍や海軍のF111やF14などの可変翼式戦闘機につながったのだ。

なおP・1101戦闘機の武装には三〇ミリ機関砲二～四門搭載が計画されていたようであるが、実現すれば連合軍爆撃機部隊にとってはホルテンHoⅨとともに対策困難な強敵となっていた可能性があった。本機はまさにドイツ航空理論の最先端ぶりを証明する機体ともなったのである。

本機の基本要目は次のとおり。

全幅	八・二メートル
全長	九・一メートル
自重	二五九四キロ
エンジン	ユンカース・ユモ109－004BまたはハインケルHeS001Aターボジェット 推力ともに一三〇〇キロ
最高時速	九八五キロ（計画）
上昇限度	一万二〇〇〇メートル（計画）
航続距離	一五〇〇キロ（計画）
武装	三〇ミリ機関砲二～四門

第3章　ソ連

①ミグI－250（MiG13）／スホーイI－107（Su5）試作戦闘機

この二機の戦闘機は第二次世界大戦末期にソ連が開発した、ジェットエンジンの始祖に相当するモータージェットエンジンを動力とする試作戦闘機である。

ジェットエンジンの一種であるターボプロップエンジンは、ジェットエンジンの推進力により回転するタービンの回転力でプロペラを回転させ、プロペラの推進力とジェットエンジンの推進力の双方を動力とするエンジンである。つまりターボジェットエンジンの応用型エンジンといえる。一方のモータージェットエンジンは、レシプロエンジンの回転力で空気圧縮機を作動させ、圧縮された空気に燃料を噴射し爆発力を得、プロペラの推進力とこの爆発力の推進力で飛行機に高速力を与えようとするものである。

しかしこのエンジンには弱点がある。それは空気圧縮機の圧縮能力をレシプロエンジンの回転力に頼るために、空気圧縮能力はジェットエンジンの回転力による圧縮力に比較して格段に劣るために爆発力は小さくなる。したがって推進力はジェット効果を併せ持つターボプロップエンジンにはおよばないのである。

イタリアが一九四〇年に飛行を成功させたカプロニ・カンピーニ試験機は、世界最初のジェットエンジン機能を持った動力を搭載する航空機として知られているが、この機体のエンジンも純粋なジェットエンジンではなく、モータージェットエンジンを搭載した航空機なのである。一九四二年当時のソ連空軍は、まだジェットエンジンの開発はドイツや連合軍側に遅れ、緒についていなかった。しかしドイツのジェットエンジンの情報は入手しており、近いうちにジェットエンジンを搭載した高速の爆撃機が戦線に登場する可能性を考え、ソ連航空局はその対策としてミコヤン・グレビッチ設計局とスホーイ設計局に対し、高速力が期待できるモータージェットエンジンの開発とそのエンジンを搭載した戦闘機の制作を命じたのだ。

ミコヤン・グレビッチ設計局は一九四二年二月にこの混合エンジンと、そのエンジンを搭載した戦闘機の開発を開始した。エンジンの開発には二年強を要し、試作戦闘機は一九四五年二月に完成した。

完成した試作戦闘機I-250（MiG13）は、同設計局がそれまでに完成させた制式戦闘機MiG3やMiG9に似ているが、より洗礼されたスタイルをしていた。モータージェットエンジンは操縦席の背後に搭載され、ジェット噴射口が機尾に配置されていた。

搭載されたレシプロエンジンは出力一六五〇馬力のクリモフVK-107R液冷エンジンで、モータージェットエンジンは試作段階にあった推力六〇〇キロのハルシチョフニコスVRD

Kエンジンであった。

初飛行は一九四五年三月に行なわれたが、その後の一連のテスト飛行の中での速度試験において、レシプロエンジンのみの駆動での最高時速は六七七キロを記録し、モータージェットエンジンとの併用飛行では、時速は八二五キロの高速を記録した。

ただこのとき搭載されたモータージェットエンジンはまだ開発途上の段階で、高速回転ブレードの材質や回転軸の耐用時間、燃焼装置の不具合など、最大の欠点は稼働時間の短さで、まだ多くの改良の余地が残されていた。しかしソ連航空局の本機に対する評価は予想外に高く、直ちに前期生産の命令が出されたのであった。

けれどもその直後の戦争終結にともないドイツのジェットエンジンに関する多くの資料や実物が入手され、ソ連空軍当局は直ちにこれらジェットエンジンのコピーの製作を命じたのだ。

この段階で本機の存在価値は急速に薄れ、量産型一三機が生産された段階で以後の開発は中止された。しかしこの一三機の性能は捨てがたく、ソ連空軍は本機をバルチック艦隊の防空基地に配置し、しばらくの間同基地の防空戦闘機として就役させた情報が伝わっている。

一方I－250戦闘機と同時に試作を命じられたスホーイ設計局も、直ちにモータージェットエンジン搭載の戦闘機の開発を開始した。本機も搭載するレシプロエンジンはI－250と同じクリモフVK－107R液冷エンジンで、搭載するモータージェットエンジンもハルチョフニコスVRDKエンジンであった。

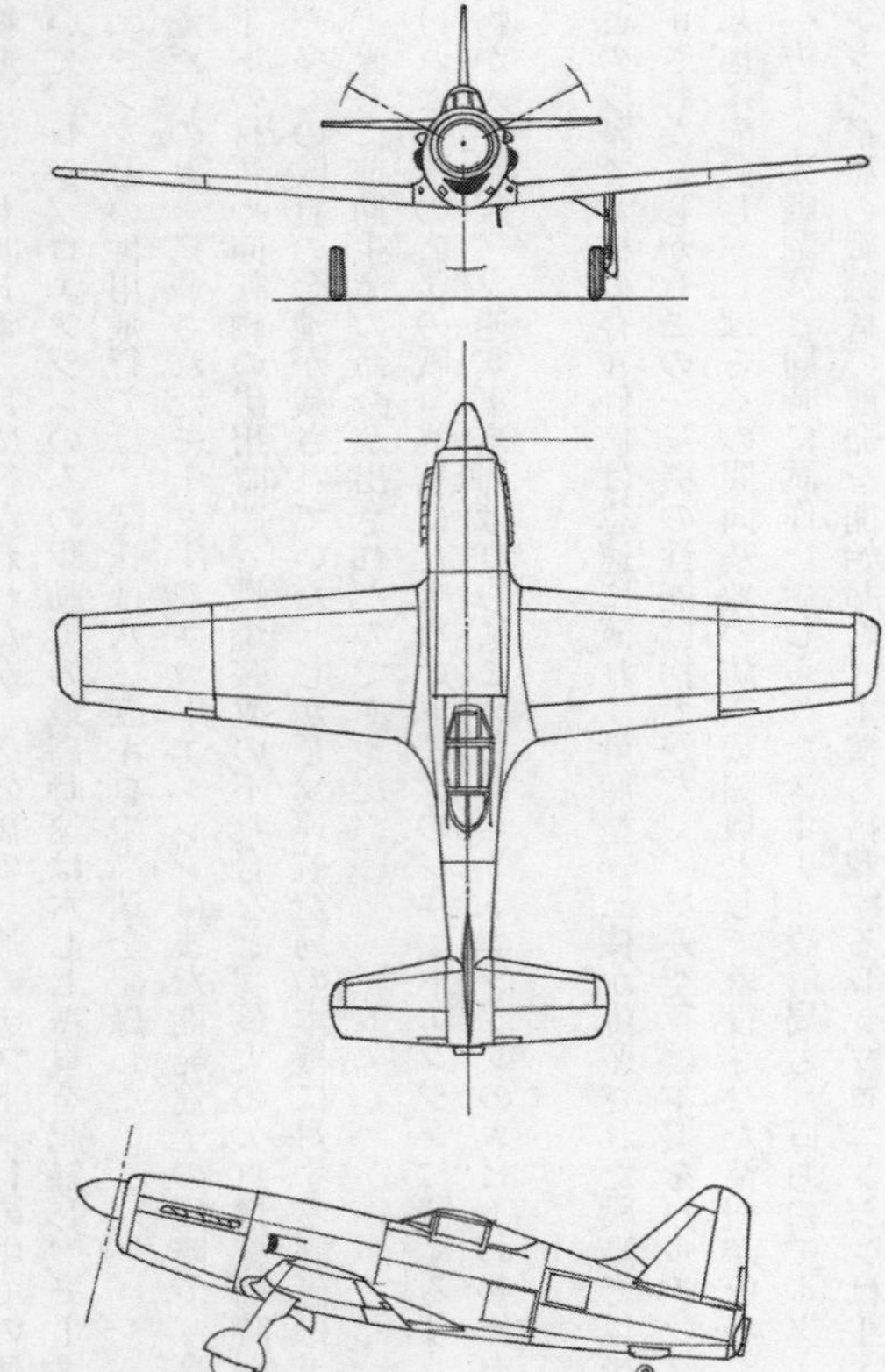

ミグ I-250（MiG13）試作戦闘機

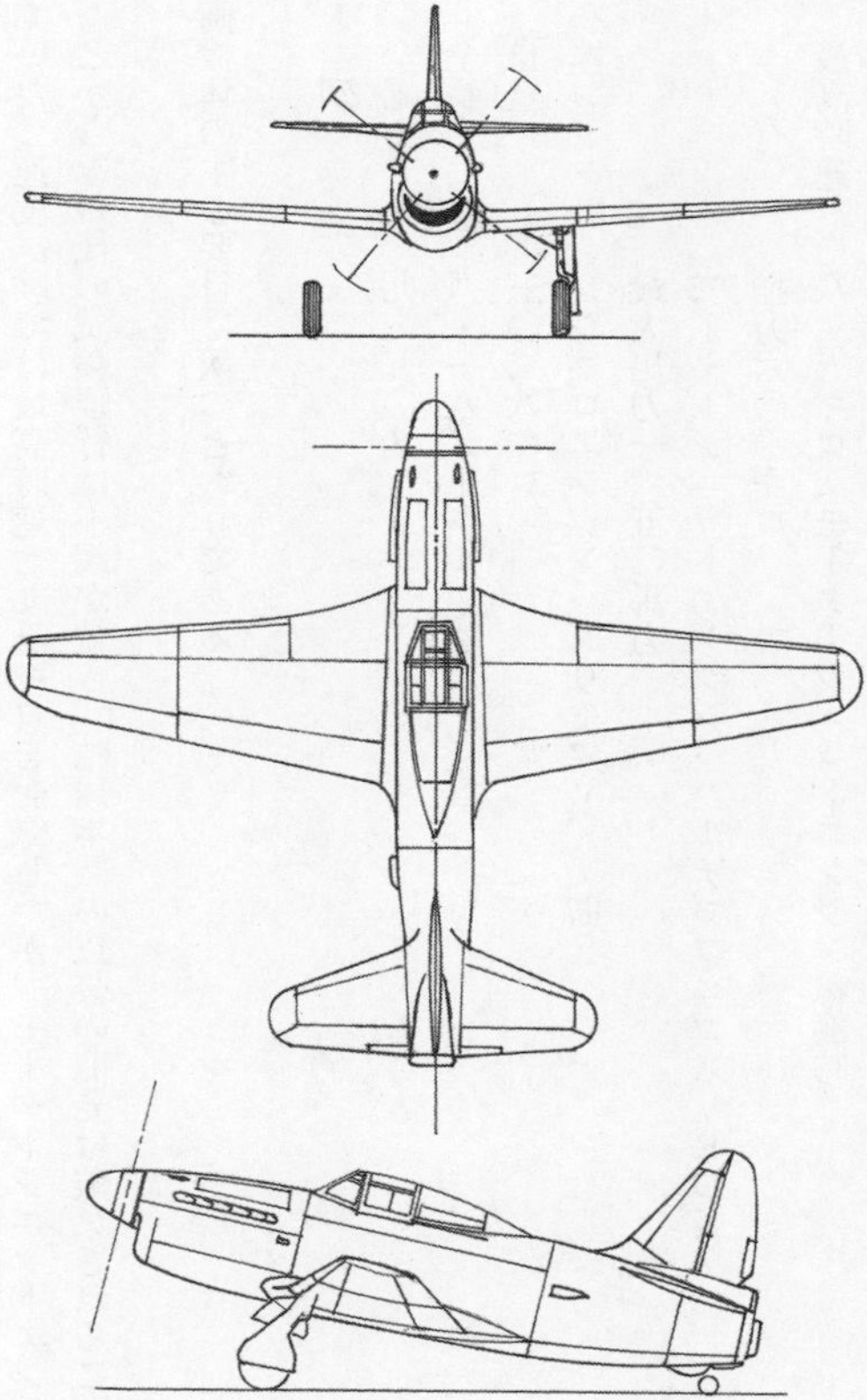

スホーイ I-107 (Su5) 試作戦闘機

試作機の完成はI-250に一ヵ月遅れの一九四五年四月であった。本機の外観やエンジンの搭載方法などはI-250に極めて似ているが、主翼には高速飛行に適合する層流翼型が採用されていた。速度試験では最高時速七九三キロを記録したが、モータージェットエンジンの不調などからその後の試験飛行は不調が続き、結局本機の以後の開発は破棄されることになった。

両機体の主な要目は次のとおりである。

I-250

全幅　九・五〇メートル

全長　八・一八メートル

自重　三〇二八キロ

エンジン　レシプロエンジン：クリモフVK-107R
最大出力一六五〇馬力
モータージェットエンジン：ハルチョフニコスVRDK
推力六〇〇キロ

最高時速　八二五キロ（モータージェットエンジン稼働時）

航続距離　八一三キロ

武装　二〇ミリ機関砲三門

Su5

全幅　一〇・五六メートル

全長　八・五一メートル

自重　二九五四キロ

エンジン　レシプロエンジン：クリモフVK－107R

最大出力一六五〇馬力

モータージェットエンジン：ハルチョフニコスVRDK

推力六〇〇キロ

最高時速　七九三キロ

上昇限度　一万二〇〇〇メートル

航続距離　六〇〇キロ

武装　二〇ミリ機関砲三門

②スホーイSu9試作戦闘機

ソ連空軍がジェット時代に突入した直後に開発されたスホーイSu9ジェット戦闘機は、ソ連のスターリン恐怖政治時代のさなかに生まれたことにより、理不尽な運命を味わった惜しまれる戦闘機といえよう。

ソ連が本格的にジェットエンジンの開発をスタートさせたのは、第二次世界大戦末期の一九四四年後半からとされている。この頃極めて少数ではあるが東部戦線にもドイツのジェットエンジン推進の軍用機が出撃しており、その中の数機が戦闘機や地上砲火によって撃墜され、ドイツ製のジェットエンジンがソ連の手に入っていた。このときソ連が手に入れたジェットエンジンは、メッサーシュミットMe262ジェット戦闘機が搭載していた、ユンカース・ユモ004Aとされている。

その後の戦争終結と同時にソ連側には多数のドイツの軸流圧縮式ジェットエンジンの実物が運び込まれ、さらに大量の同ジェットエンジンに関する資料が送り込まれたのだ。さらに一九四七年にはイギリスの好意により、ロールスロイス・ニーン・エンジンと同じくダーウエントエンジンがソ連に送り込まれた。その結果、ソ連のジェットエンジンの開発は急速に前進することになったのである。

ソ連はジェットエンジンの入手と同時に、ユンカース社開発の軸流圧縮式ジェットエンジンとイギリスの遠心圧縮式ジェットエンジンのコピー品の製作を開始したのだ。

スホーイSu9ジェット戦闘機の開発は一九四四年中頃から開始されたとされている。このときこの機体に装備予定のエンジンは、撃墜されたドイツ機から入手したユンカース・ユモ004Aエンジンの初期のコピーであった。このエンジンはソ連ではRD－10エンジンと呼ばれており、不確かな情報ではあるがその推力は八八〇キロとされている。

スホーイSu9の設計は、スホーイ設計局の主任設計者であるパーヴェル・スホーイ自身が中心となって進められた。しかしジェット戦闘機の設計・開発自体が暗中模索の状態であり、結局完成した機体は、エンジンを二基装備したドイツ空軍のメッサーシュミットMe262によく似たものとなった。装備されるRD－10エンジンが低出力であるために、メッサーシュミットMe262と同じく双発機にせざるを得なかったのだ。機体は一九四六年六月に完成した。そしてまったく同じ頃にミコヤン・グレビッチ設計局もジェット戦闘機ミグMiG9を完成させていた。

じつは完成したミグMiG9ジェット戦闘機もエンジンを二基装備した双発の機体であったが、エンジンの装備方法がまったく違っていたのだ。しかも本機のエンジンはRD－10エンジンをわずかであるが出力強化したRD－20（推力九〇〇キロ）となっていた。ミグMiG9戦闘機は胴体内にこのエンジンを二基並列に並べた配置とし、外観では一見単発の直線翼の機体に見えたのだ。

Su9は性能的にはMiG9に決して劣るものではなかったが、ソ連空軍は次期戦闘機としてMiG9を選んだのである。理由はSu9がドイツのメッサーシュミットに酷似した模倣設計である、と判断されたためであった。この理不尽な評価は多分にスターリン首相の意向が含まれていたようで、これよりのち主任設計者のスホーイは長きにわたり第一線設計者の地位を奪われ、スホーイ設計局も解散させられたのであった。

パーヴェル・スホーイが再び第一線設計者としての名誉が回復され復帰したのはスターリンの死後（一九五三年）しばらく後で、再びスホーイ設計局が組織され、超音速時代の戦闘機設計に専念することになった。そして一九六〇年代になると、ソ連を代表するデルタ翼の超音速戦闘機、呼称も同じSu9「フィッシュベット」を誕生させている。この機体が偶然にも彼の地位を剥奪した前作Su9と同じ記号である理由は、スホーイ設計局が再スタートしたときに改めて機体番号を1から始めたためであった。

なおのちの情報によれば、ミグMiG9の完成にともないスホーイSu9は制空戦闘機ではなく地上攻撃機として運用する計画であったとされている。しかしこの時点で「スホーイ事件」が起き、優れた性能を持っていながら本機の以後の開発と量産化は破棄されたのであった。

99　②スホーイ Su9 試作戦闘機

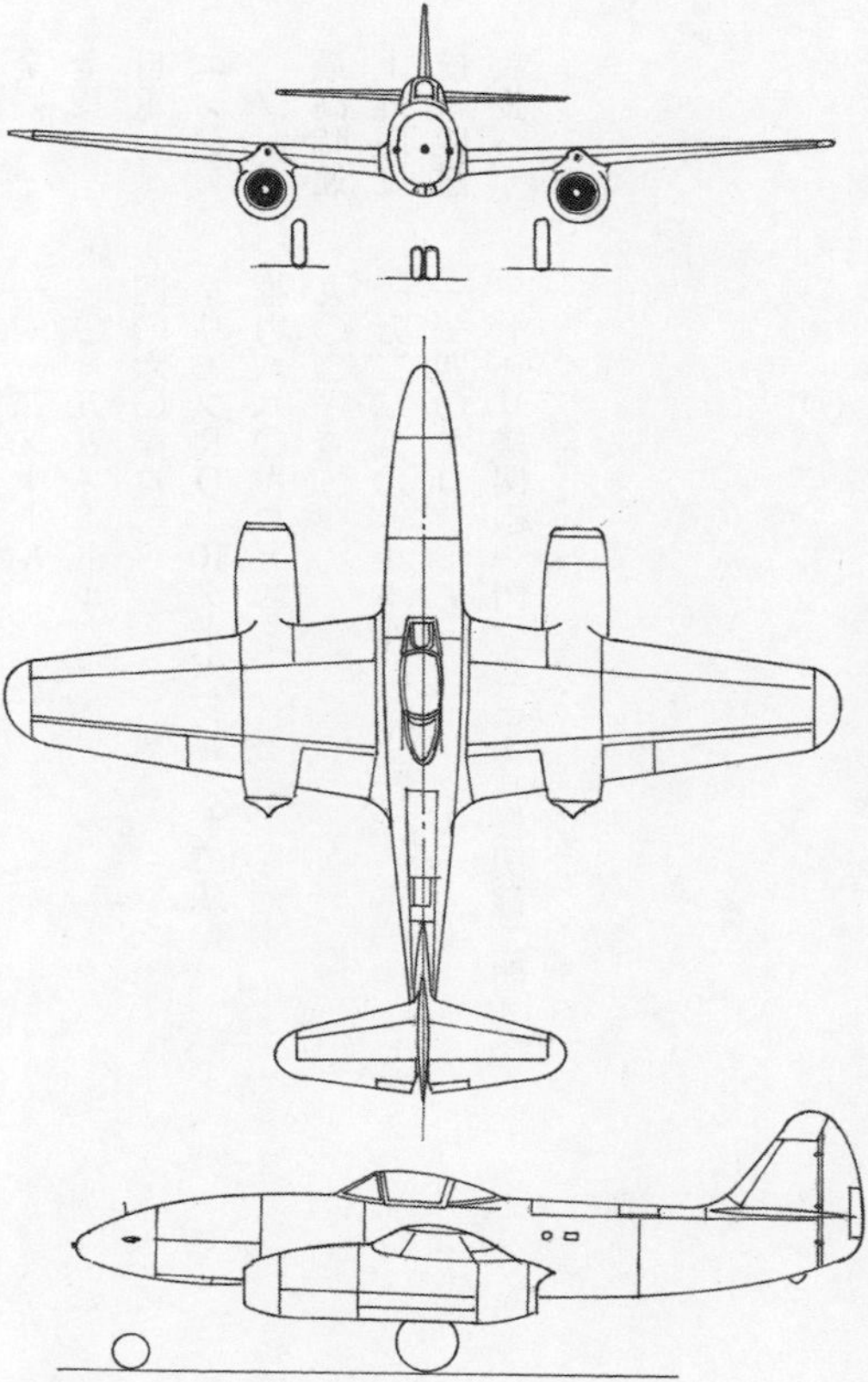

スホーイSu9試作戦闘機

本機の基本要目は次のとおりである。

全幅　一一・二メートル
全長　一〇・五五メートル
自重　四〇六〇キロ
エンジン　クリモフRD－10ターボジェット二基
推力八八〇キロ×二
最高時速　九〇〇キロ
上昇限度　一万二二五〇メートル
航続距離　一一四〇キロ
武装　三七ミリ機関砲一門、二三ミリ機関砲二門

③ミグMiG9戦闘機

本機は長い試作段階をへて実用化されたジェット戦闘機であるが、その機数は少なかったとはいえ実際に生産された機体であるために、この書の中にあってはいささか趣が異なるが、前記の競争試作機体のスホーイSu9との関係もあり、あえてここで取り上げることにした。

このミグMiG9という機体は、ほぼ同時に開発されたヤコヴレフYak15ジェット戦闘機とともに、第二次世界大戦直後のソ連空軍のジェット化を代表する機体で、ソ連空軍最初のジェット戦闘機として一般には知られている。しかしその名声は直後に現われたミグMiG15戦闘機のセンセーショナルな輝きの陰に隠され、いつしか忘れ去られてしまったのだ。その一方で本機はソ連空軍のジェット化の揺籃時代に、競争試作のスホーイSu9との関わりもあり、興味深い機体なのである。

少ないとされるソ連軍用機の情報の中でも、ミグMiG9ジェット戦闘機に関する情報はまことに少ないのだ。一九八〇年代に入り多少の情報は流れてきたが、どれだけ量産されたのか、実戦配備されたことがあるのか、なぜ情報が少ないのか、などの疑問符は付きまとうのである。

確かにMiG9戦闘機は量産され、ソ連の当時の衛星諸国空軍に供与されたという情報は存在する。ただその一方では量産されたのはわずか四七〇機にとどまったという情報も存在する。大変に謎の多い機体である。

ソ連のジェットエンジンの本格的な開発は、ドイツのジェットエンジンの情報や実物が入手されだした一九四四年からだとされている。そして一九四五年に入りソ連軍のドイツ国内への進攻に際し、ジェットエンジンのさらなる資料・情報、また実物の入手により、研究開発は一気に加速することになったのであった。

ミコヤン・グレビッチ設計局は一九四五年五月の段階で、早くもドイツのBMW003軸流圧縮式ジェットエンジンのコピーを完成していた。このソ連製コピーエンジンはクリモフRD－10／20エンジンと呼称された。

このエンジンの最大出力（推力）は八八〇～九〇〇キロで、出力不足は否めなかった。しかし設計局はこの出力不足をエンジン二基搭載で解決し、その試作機の製作が始まった。試作機の呼称はI－300と呼ばれ、一九四六年四月に完成し試験飛行も成功した。

ミコヤン・グレビッチ設計局はこの結果に満足し、早速この試作機に様々な改良を加えた量産型機体の試作も開始した。

この試作機はソ連航空局から正式にMiG9の呼称が与えられ、量産が開始されたのだ。

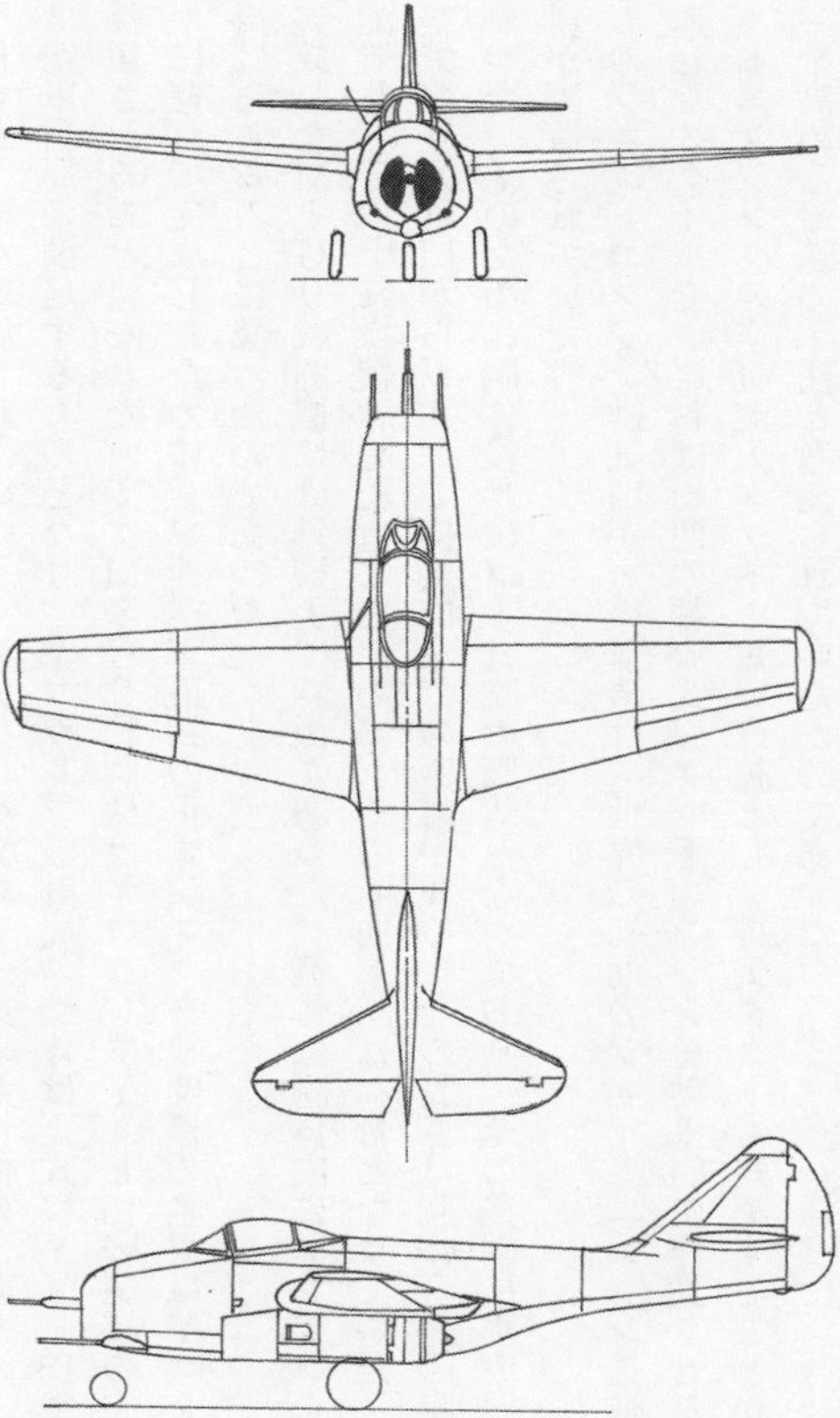

ミグMiG9戦闘機

ただ本機の試作が続けられている段階で、戦闘機設計のライバル的存在のヤコヴレフ設計局も、同じエンジンを一基搭載したジェット戦闘機の試作を進めており、試験飛行はI－300よりわずかに早く実施されたのだ。その結果は後発のI－300より性能は落ちたが、その時点では空軍当局の満足するものとなり、ヤコヴレフ設計局の機体は正式にYak15戦闘機として採用されることになった。ミグMiG9戦闘機はヤコヴレフYak15戦闘機の完成よりわずかに遅れて完成したために、ソ連空軍最初の正式ジェット戦闘機の名誉はYak15の頭上に掲げられることになったのであった。

完成したMiG9戦闘機には外観上に特徴があった。機体は胴体内にエンジンを並列に二基配置し、その上に操縦席を配置したために、その断面形状は△形となっていた。また機首の空気取り入れ口からジェット排気口までの距離が短く、その長さは胴体全長の半分でしかなかった。そのために胴体後半はブーム状の胴体となっており、その後端に垂直尾翼と水平尾翼が配置されていた。

このジェットエンジン排気口が短い構造は、世界の初期のジェットエンジン推進戦闘機の共通したスタイルで、これは初期の軸流式ジェットエンジンを効果的に作動させるには、ジェットエンジンへの空気流入ダクトを短い直線とし、排気ダクトも短縮することがエンジン効率を高める最適の手法と考えられていたためであった。

また初期のジェットエンジンは信頼性と耐久性の低さから、エンジンの交換を頻繁に行なったので、整備上の利便を図る上で排気ダクトが短い方が都合が良かったためでもあった。

ミグＭｉＧ９の主翼や尾翼にはまだ当然ながら後退角はつけられていない。本機が試作されていた段階では、ドイツの主翼の後退角理論はまだソ連では実用化される段階に入っていなかったのだ。本機の主翼は前進テーパー付きの直線翼で、尾翼の形状もレシプロエンジン機と大きく変わるところはなかった。

操縦席は機首近くに配置され、その後方の大きな容積の空間は燃料タンクとして使われた。このために本機の航続距離はすでに制式採用が決まっていたＹａｋ15戦闘機や、当時すでに試作が始まっていた次期戦闘機のＭｉＧ15の正規航続距離より長く、それぞれの七〇〇～七七〇キロに対し一〇〇〇キロを超える性能を持っていた。

ミグＭｉＧ９戦闘機の最高速度は時速九五〇キロを記録し、優れた飛行性能と合わせてソ連空軍当局の評価も高く、この功績に対しミコヤン・グレビッチ設計局はソ連軍最高勲章であるレーニン勲章を受章することになった。しかし本機にとって不幸であったのは、本機が完成した一九四七年三月には、革命的な次期戦闘機ＭｉＧ15の開発がすでに進んでいたことであった。

ＭｉＧ９戦闘機のエンジンには、イギリスから入手したロールスロイス・ニーン・エンジンを国産化したクリモフＲＤ－500エンジンが採用されていたが、このエンジンの出力は安定性を欠き、最大出力一六〇〇キロを確保できず、出力不足と安定性に不安が残されていた。

当時ソ連ではイギリス製エンジンのコピーエンジンの改良が続けられていたが、一九四七年五月についに最大推力二七四〇キロの信頼性の高いジェットエンジンを完成させたのである。このエンジンはクリモフVK－1エンジンと称された。そして最新開発の後退角主翼付きのMiG15戦闘機にこのエンジンを採用すると、最高時速一〇五〇キロという好成績を記録することになったのであった。

高性能戦闘機MiG15は一九五〇年頃には量産が進められており、ソ連空軍の第一線部隊への配備も行なわれ、同年に勃発した朝鮮戦争には北朝鮮空軍機として義勇ソ連空軍軍人が操縦する機体が出撃し、連合軍側空軍に大きなショックを与えることになったのである。

MiG15の出現はMiG9戦闘機の存在を一気に旧式化することになった。そのために期待されて登場した本機の生産数はわずかとなったとされている。

ミグMiG9の制空戦闘機としての価値は消え失せ、地上攻撃機として中国空軍や東ヨーロッパのソ連圏諸国空軍で使われたと伝えられている。本機は出現当初の華々しい姿とは裏腹に、その後は二線級の機体として運用され一九五五年頃までには、すべて退役したと報じられている。

本機の基本要目は次のとおり。

全幅　一〇・三メートル
全長　九・六メートル
自重　四九九八キロ
エンジン　クリモフRD－20ターボジェット二基

推力八〇〇キロ×二
最高時速　九五〇キロ
航続距離　一一〇〇キロ
武装　三七ミリ機関砲一門、二三ミリ機関砲二門

④ラヴォーチキンLa15（La174）戦闘機

La15は一九五〇年前後の一時期、自由主義国家圏ではミグMiG15戦闘機とともにソ連空軍の最新鋭戦闘機として話題に上ったことがあった。また一部ではLa174の呼称でも呼ばれていた。事実朝鮮戦争ではアメリカ空軍のノースアメリカンF86「セイバー」ジェット戦闘機のパイロットが、本機と空中戦をした、との話も流布されたことがあった。しかし本機がソ連空軍の主力戦闘機としての記録は見られず、一九五〇年代のソ連空軍の謎の戦闘機として一時話題になったのである。

ラヴォーチキン設計局は第二次世界大戦ではソ連空軍の主力戦闘機であったLa5、La7、La9レシプロエンジン戦闘機を大量生産し、最終的にはソ連空軍最高性能のLa11レシプロエンジン戦闘機を完成させたことで知られている。

ラヴォーチキン設計局はLa11戦闘機の開発直後からジェット戦闘機の開発を開始した。同設計局が最初に取り組んだジェットエンジン推進の戦闘機はLa150と呼ばれ、一九四六年に完成した。本機のエンジンはドイツから入手したユンカース・ユモ004を国産化したクリモフＭＤ－10（推力八八〇キロ）で一基が装備された。しかしこのエンジンは非力であるために機体は小型に設計された。機体の全幅は八・二メートル、全長九・三メートル、自重三三〇〇キロで、主翼は肩翼式の直線翼が配置されていた。しかしその性能は同じエンジンを装備したヤコヴレフＹａｋ15戦闘機に劣り、採用されることはなかった。

ラヴォーチキン設計局は直ちにＬａ150を基本にした、より高性能な戦闘機の開発をスタートさせた。そしてその回答がＬａ15（Ｌａ174）であった。

本機はライバルとなったミコヤン・グレビッチ設計局がほぼ同時に開発したＭｉＧ15戦闘機との競作となった。Ｌａ15戦闘機はソ連航空局からエンジンはイギリスから供与された、ロールスロイス・ダート・エンジンを国産化したＲＤ－500エンジン（推力一六〇〇キロ）の使用の指示を受けていた。

しかし一方のＭｉＧ15戦闘機は、同じくイギリスから供与されたロールスロイス・ニーン・エンジンを国産化した、クリモフＶＫ－１（推力二二〇〇キロ）の使用の指示を受けていたのである。

ミグＭｉＧ15戦闘機の初飛行は一九四七年六月で、ラヴォーチキンＬａ15戦闘機の初飛行は一年遅れの一九四八年五月であった。

両機のエンジンの出力には明らかな差があり、Ｌａ15戦闘機のエンジン出力はＭｉＧ15戦闘機のエンジン出力の七五パーセントであった。この出力差を克服するためにラヴォーチキン設計局はLa15戦闘機の軽量化に努め、当然出るであろう性能差を縮めることに注力したのだ。

その結果、MiG15戦闘機の自重三七七〇キロに対し、La15戦闘機の自重は一トンも軽い二五七五キロという軽量化に成功したのだ。そして試験飛行によって両機に性能の差はないことが確認されたのであった。

La15戦闘機には三七度の後退角付き主翼が採用された。そして主翼の配置はMiG15戦闘機の中翼式ではなく、La150と同じ肩翼式が採用された。この肩翼式の主翼の配置は、強度を落とすことなく機体の軽量化が可能な方式とされている。ただ肩翼式としたために主車輪を主翼に収容することが困難になり、胴体中央部の両側下面に収容する仕組みが採用されている。しかしこれにともない主車輪のトレッド（車輪の左右の間隔）が狭くならざるを得ず、高速機体の着陸には必ずしも好ましくないが、解決方法がないためにあえて採用されることになった。

水平尾翼は大きく後方に伸びた垂直尾翼の頂部に近い位置に配置された。これは主翼で発生する渦流が水平尾翼の昇降舵に影響を与えないためのもので、ライバルのMiG15戦闘機でも同じ方法が採用されている。La15戦闘機とMiG15戦闘機は主翼の取り付け位置に違いはあるが、その外観は酷似した姿となっていた。これが本機が朝鮮戦争に出撃したという誤報になった理由と考えられている。

武装は両機ともにまったく同じで、機首下面の左右に三七ミリ機関砲一門、二三ミリ機関

111　④ラヴォーチキンLa15（La174）戦闘機

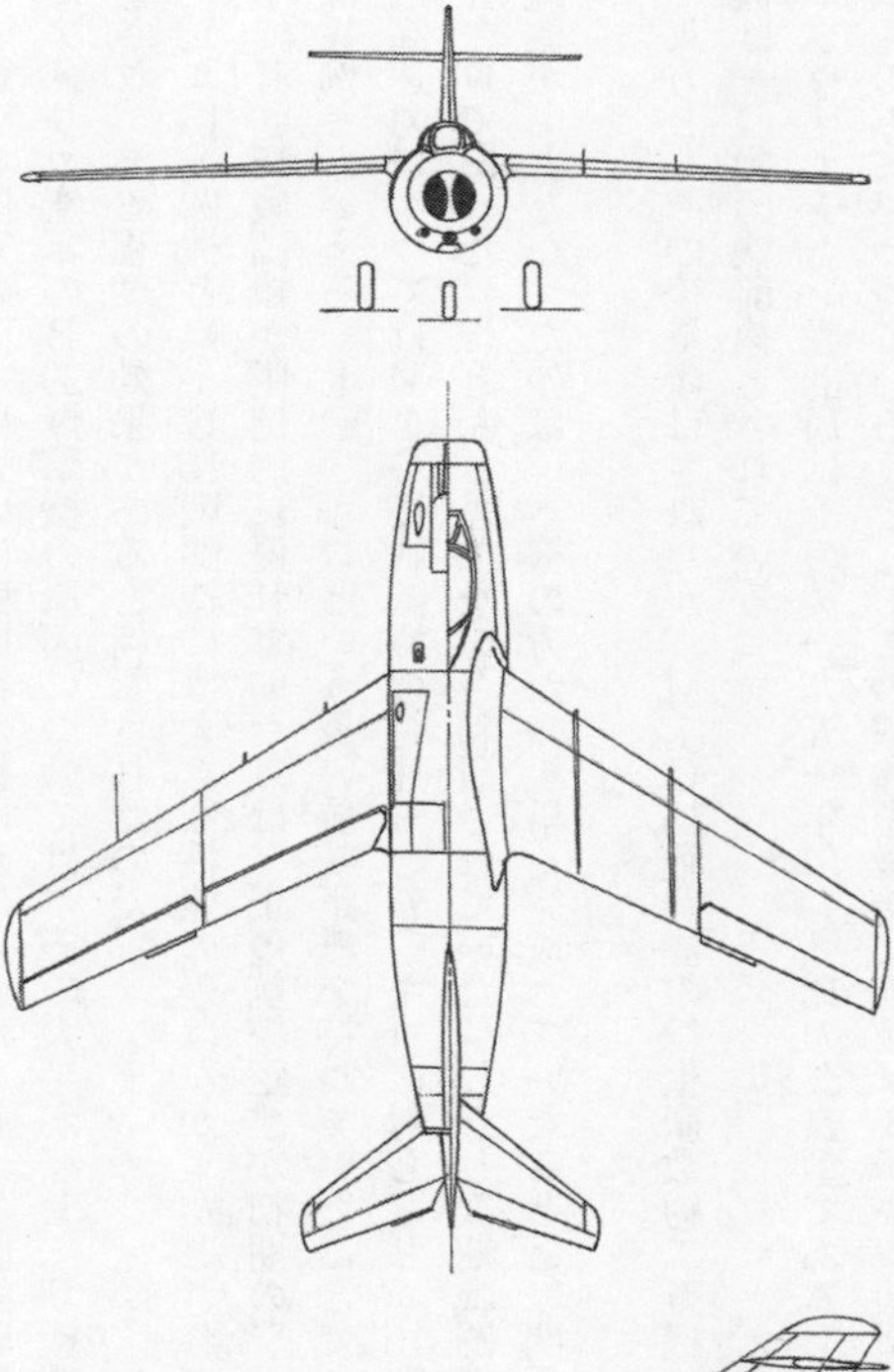

ラヴォーチキン La15 (La174) 戦闘機

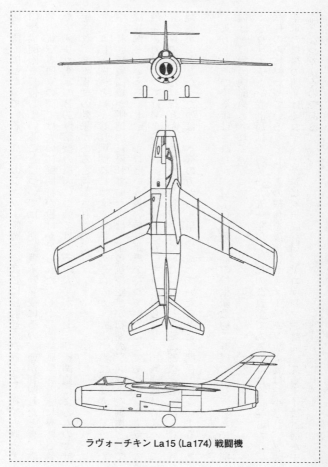

砲二門配置となっている。高速のジェット戦闘機の武装に発射速度が遅くまた初速の遅い大口径機関砲を装備していることについては、朝鮮戦争勃発後にその実態が判明したとき、欧米の航空専門家の間では大いに疑問符が投げかけられた。しかし朝鮮戦争のときに撃墜されたアメリカ空軍のB29爆撃機の原因については、その大半が三七ミリ機関砲によるものと推定され、ある程度の効果があると判断されたのだ。

La15戦闘機とMiG15戦闘機には大きな性能の差はなかったとされているが、そうした中でLa15戦闘機が圧倒的に優れていた点は、正規航続距離が初期のジェット戦闘機としては異例ともいえる一七〇〇キロという長い航続距離を持っていたことであった。一方双方の最高速力についてはMiG15戦闘機の時速一〇五〇キロに対し、La15戦闘機は時速一〇二五キロであった。ほとんど差はないと判断されていた。しかし次期戦闘機としてMiG15戦闘機が主力となったのは、本機の方が一年早く完成していたことと無関係ではないようである。

双方ともその後量産はされたが、MiG15戦闘機の総生産数約二万機に対し、La15戦闘機は一〇〇〇機前後とされている。

ラヴォーチキン設計局はその後一九五一年にLa15の改良型であるLa190を開発したが、試作のみに終わっている。そしてこの機体を最後にラヴォーチキン設計局は縮小され、ソ連空軍の以後の開発はミコヤン・グレビッチ設計局、ヤコヴレフ設計局、スホーイ設計局が主流となってゆくのである。

Ｌａ15の基本要目は次のとおり。

全幅　八・八三メートル
全長　九・五六メートル
自重　二五七五キロ
エンジン　ＲＤ－500ターボジェット
推力一五九〇キロ
最高時速　一〇二五キロ
上昇限度　一万三七〇〇メートル
航続距離　一七〇〇キロ（正規最大）
一〇二六キロ（通常作戦時）
武装　三七ミリ機関砲一門、二三ミリ機関砲三門

⑤ラヴォーチキンLa152～160試作戦闘機

ラヴォーチキン設計局はLa150戦闘機の開発を開始した直後に二種類のジェットエンジン推進の戦闘機の開発を進めた。その一機がすでに紹介したラヴォーチキンLa15（試作機の呼称はLa174）であるが、もう一つはLa152～160と呼ばれる試作機の一群であった。この中で最終的な機体として試作とテスト飛行が続けられたのがラヴォーチキンLa160であった。

La150は極めて独創的な外形の機体であった。本機は一九四六年九月に初飛行に成功したが、搭載エンジンの低推力や機体設計の未熟から飛行性能は同時期に試作されたヤコヴレフYak15に劣り、以後の開発は中止された。そこでラヴォーチキン設計局はこのLa150を母体にさらなる改良を加えた試作機を送り出したが、その最終開発の機体がLa160であった。また一方でラヴォーチキン設計局は前記のLa15の原型機であったLa174の開発も進行させていたのである。

出来上がったLa160は胴体や尾翼などはLa150に酷似しているが、主翼はLa150の肩翼式

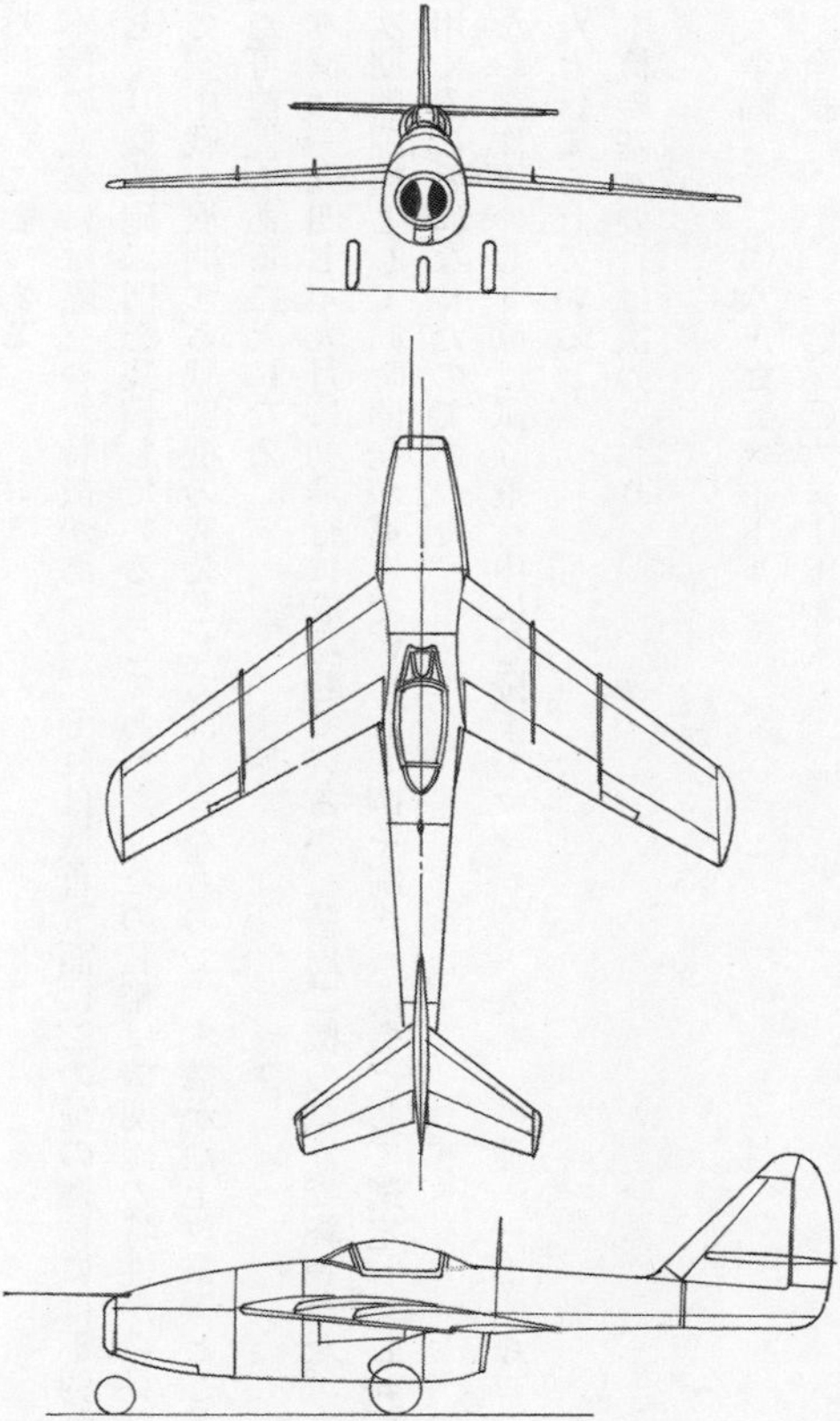

ラヴォーチキン La152〜160 試作戦闘機

から中翼式に変更されていた。そして主翼には三五度の後退角がつけられていた。本機の外観上の最大の特徴はジェットエンジンへの空気取り入れ口からジェット排気口までの距離が極端に短いことである。

本機の武装には際立った特徴があった。それは機首下面にこの種の機体には不釣り合いな三七ミリ機関砲二門を装備していることであった。この装備は機関砲の特性から見ても、高速で空中戦を展開する戦闘機の武装としては大きなもので、本機が地上攻撃機として設計された可能性もあることになる。

本機は一九四七年九月に初飛行に成功しているが、結局二機の試作で終わった。ソ連空軍は次期戦闘機として同時開発が進んでいたLａ174を制式戦闘機として選定し、Lａ15として採用することになったのであった。

なお試作機のLａ160は試験飛行中に急降下でマッハ〇・九二（時速一一二六キロ）を記録したと伝えられている。

本機の基本要目は次のとおり。

全幅　　八・九五メートル
全長　　一〇・〇六メートル
自重　　二六七〇キロ
エンジン　クリモフRD－10ターボジェット

推力九〇〇キロ
最高時速　一〇五〇キロ
上昇限度　一万一〇〇〇メートル
武装　三七ミリ機関砲二門

⑥ツポレフTu14爆撃機

第二次世界大戦終結後から始まるジェットエンジン機の時代、ソ連軍用機に関する情報は秘密のベールに隠され極めて少なかった。この間多少の情報は流れていたものの、ある程度多くの情報が伝わりだしたのはソ連崩壊後の一九九二年以降である。

ツポレフTu14爆撃機も同じで、一九五〇年代の前半には極東の実戦部隊に配備されている、という目撃情報などが流れていたが、その詳細についてはまったく不明であった。垣間見られたわずかな情報などから総合すると、本機はかなり早い時期に制式採用され、実戦部隊に配備されていたようであった。したがって本機をこの書で取り上げるには似つかわしくないと思われる。しかし数少ない初期のソ連空軍のジェット爆撃機としてあえてここで紹介することにした。

ソ連空軍の戦後はジェットエンジンの開発から始まった。それは実物を入手したジェットエンジンのユンカース・ユモ004Aのコピー製作から始まった。その後ソ連はイギリスからロールスロイス・ニーンと同ダーウエント両ジェットエンジンを入手し、そのコピー品の製作も開始し、これらを基本に独自のジェットエンジンの開発が飛躍的に進むことになったのである。

ソ連空軍はジェットエンジン推進の戦闘機の開発を優先的に進めたが、その後爆撃機の開発も進めた。ソ連空軍のジェット推進爆撃機の開発過程で最も成功した機体は、イリューシン設計局が開発したイリューシンIℓ28爆撃機であった。

Iℓ28爆撃機が出現した直後にツポレフ設計局は、同じく双発のツポレフTu14爆撃機を完成させたのである。この両爆撃機のエンジンは、いずれもロールスロイス・ニーン・エンジンを国産化したクリモフVK－1エンジンであった。しかし同じエンジンを装備した両双発機にはかなりの性能の差が生じたのだ。

速力においてはIℓ28が勝り、航続力においてはTu14がIℓ28に対し二・七倍も大きかったのであった。そして操縦性能においてはIℓ28の方が優れていた。この違いはそれぞれの機体の設計思想にともなう具体的な性能差として現われたと解釈された。

ツポレフTu14の初飛行はイリューシンIℓ28に遅れること一年二ヵ月後の一九四九年十月であった。

Tu14の機体には多くの特徴があった。主翼は直線テーパー翼で、エンジンは主翼の下に懸垂されるエンジンポット内に装備された。垂直尾翼は機体の大きさに対し極めて大型で、水平尾翼は垂直尾翼の途中に配置されており、水平尾翼にはなぜか後退角がつけられていた。

細長い胴体の先端にはガラス張りの爆撃手席が配置され、その後方の胴体上部には操縦士と通信士の二名が搭乗するコックピットが設けられ、さらに胴体尾部には二三ミリ連装機関砲と尾部機銃手が配置されていた。

イリューシンIℓ28爆撃機はその後量産化され、ソ連空軍ばかりでなくソ連圏の東欧諸国や北朝鮮および中国空軍にも大量に供与された。しかしツポレフTｕ14は制式採用されながら大量生産は行なわれなかった。本機の機数には諸説あるが、一五〇機程度の生産にとどまったようである。

ツポレフTｕ14はその長い航続距離が活かされ、ほとんどすべてがバルト海や黒海、そしてウラジオストックなどの、ソ連海軍航空隊沿岸守備部隊に配置されたとされている。この飛行隊の任務は洋上哨戒と雷撃が主な任務であったようである。さらにはその長い航続距離を活かし写真偵察機としての任務にも就いていたとされている。

本機は一九六〇年代には第一線から退いたと報じられているが、実態が不明な謎の多い機体である。

本機の基本要目は次のとおり。

全幅　　二一・六九メートル
全長　　二一・九五メートル
自重　　一万九三〇〇キロ

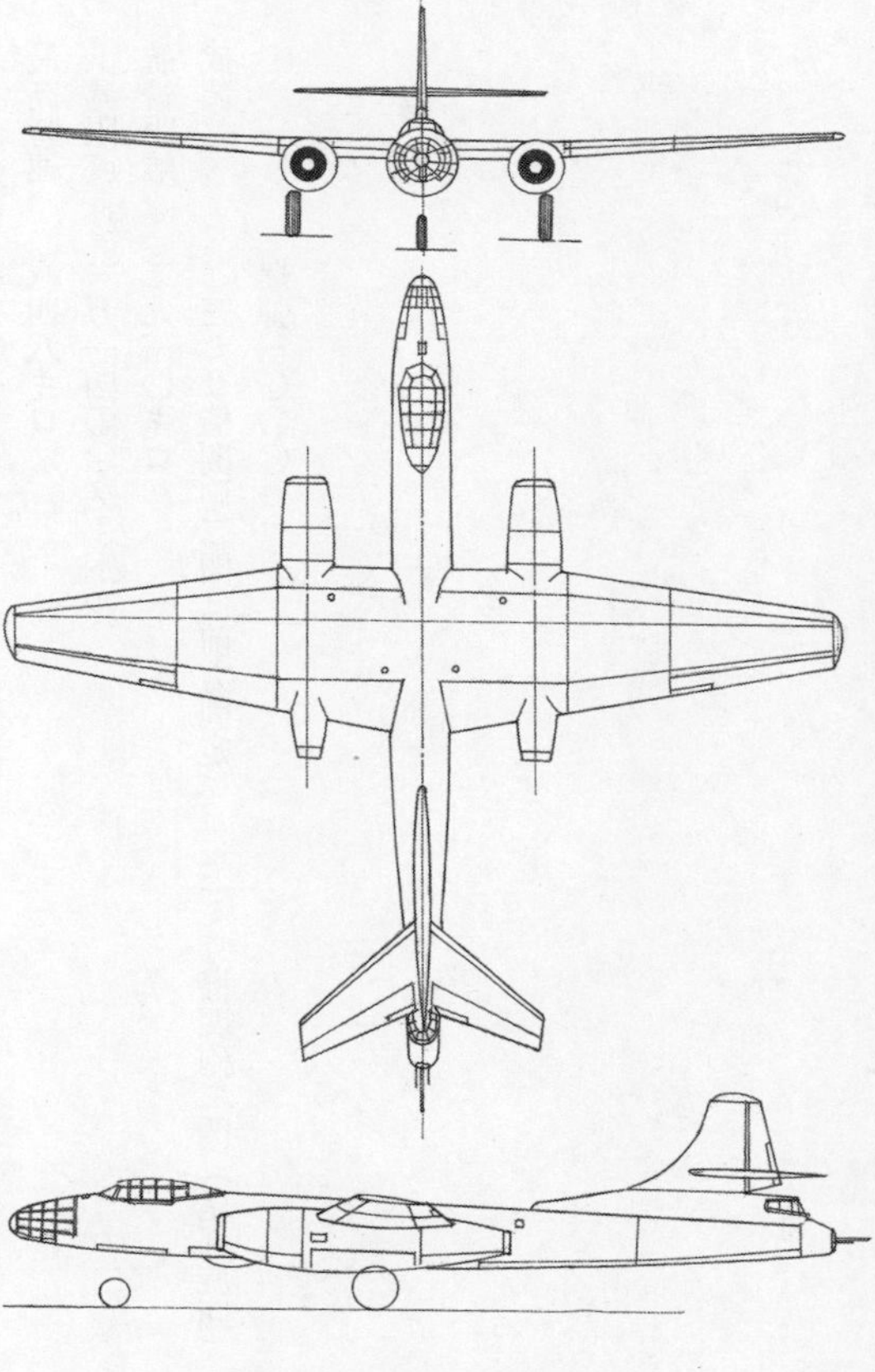

ツポレフ Tu 14 爆撃機

エンジン　クリモフＶＫ－１ターボジェット二基
　　　　　推力二七〇〇キロ×二
最高時速　八四八キロ
上昇限度　一万一四〇〇メートル
航続距離　二九三〇キロ
武装　　　二三ミリ機関砲二門（前方固定）、二三ミリ機関砲二門（尾部旋回）
　　　　　爆弾三〇〇〇キロ

第4章　フランス

①アエロサントルNC1071試作多用途機

本機はフランスが第二次世界大戦直後に試作を開始した、同国で最も初期のジェットエンジン推進の軍用機の一機である。それゆえにジェットエンジン推進の機体としての構想がまだ暗中模索であった当時のフランス機として、機体の設計には様々な試みが講じられていた。

この現象は何もフランスに限ったことではなく、ジェットエンジン推進の軍用機の開発が行なわれていた各国共通のことであった。しかしその中でもこの時代にフランスが設計する機体には、それぞれに際立った特徴がみられた。ここで紹介するNC1071もその類にもれず、むしろ例外的に特異なスタイルの機体として誕生したのだった。アエロサントルNC1071は一九四八年に開発された多用途機（爆撃機および戦闘機）である。

アエロサントル（SNCAC：国営中央航空機製作所）は大戦終結直後の一九四七年にNC1070というレシプロエンジン装備の多用途機を開発したが、この機体の外観は際立って特異な姿をしていた。

本機は双胴ならぬ三胴式とでも称する構造を持っており、尾翼付近まで伸びる中央胴体と、中央胴体の両側に配置された双胴の前端にはレシプロエンジンが装備され、胴体の後端に配置された垂直尾翼と中央胴体後端に配置された垂直尾翼風の構造物により水平尾翼は固定されていた。車輪は三車輪式で、エンジンは空冷のノーム・ローン14R（最大出力一三二五馬力）であった。

そしてNC1070は一九四七年四月に初飛行を行なったが、そのとき、着陸に際し主脚を破壊したのである。

その修理に際し、アエロサントルは本機の双胴内にジェットエンジンを装備することを考え、実際にレシプロエンジンを撤去し、太い胴体内にロールスロイス・ニーン101ターボジェットエンジン（推力二三五〇キロ）を搭載したのだ。このとき胴体前端（レシプロエンジンの装備されていた個所）はエンジン用の空気取り入れ口となり、胴体後端はジェット排出口として再設計された。そして機体の呼称もエアロサントルNC1071と改められることになったのだ。

試験飛行は一九四九年四月に実施されたが、飛行性能にはとくに問題は発生せず、フランス空軍は本機の本格的用途について検討を開始したのである。

本機は本来が多用途機として開発された機体であり、爆撃機、地上攻撃機、夜間戦闘機、練習機、連絡機などが挙げられた。本機は三座式で機首に爆撃手、胴体前上方に操縦士、中央胴体尾部には観測員または尾部機銃手が配置されるようになっていた。

127　①アエロサントル NC1071 試作多用途機

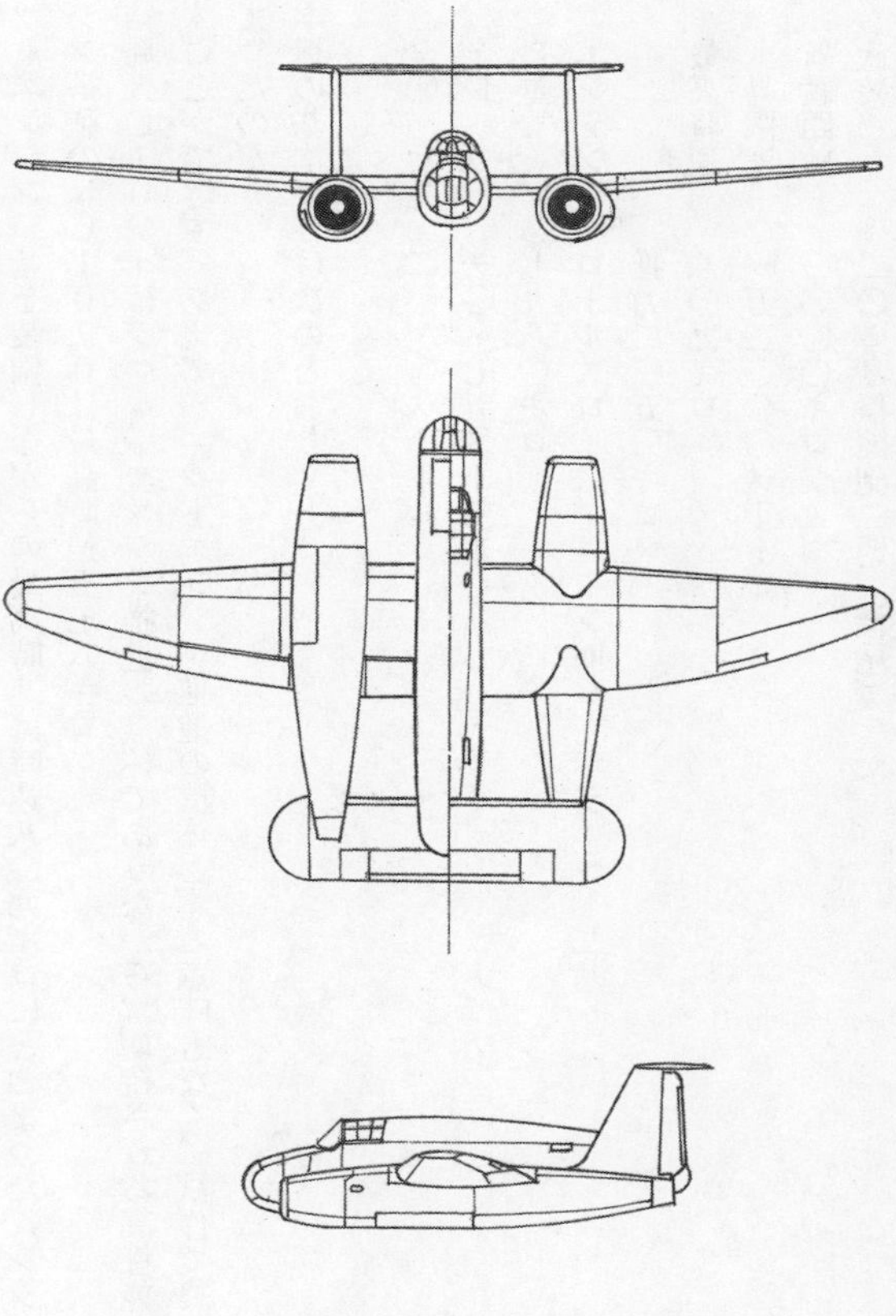

アエロサントル NC1071試作多用途機

ただ本機はその外観からも高速機となるにはふさわしくない形状であり、実際に強力なジェットエンジン二基を装備しながらの最高時速は時速八〇九キロにとどまった（レシプロエンジン搭載のＮＣ１０７０は最高時速五七八キロ）。

結局ＮＣ１０７１はジェットエンジン推進の機体でありながら、期待される高性能を引き出すことができず、あえてジェットエンジン推進の機体とする意味もなく、試作で終わってしまったのだ。

本機の基本要目は次のとおり。

全幅	二〇・〇メートル
全長	一〇・七五メートル
自重	七九八〇キロ
エンジン	ロールスロイス・ニーン101ターボジェット二基 推力二三五〇キロ×二
最高時速	八〇九キロ
上昇限度	一万三〇〇〇メートル
航続距離	一〇〇〇キロ
武装	二〇ミリ機関砲二門（機尾） 爆弾八〇〇キロ

②アエロサントルNC1080試作艦上戦闘機

本機はアエロサントルがフランス海軍の艦上ジェット戦闘機の開発仕様に沿って試作した機体である。ただし本機はアエロサントルがフランス海軍から正式に試作要請を受けて開発したものではなく、自社開発で設計・試作が進められた機体であることが変わっている。

本機は一九四九年六月に完成し、翌七月の試験飛行に成功している。エンジンには推力二二五〇キロのロールスロイス・ニーンHSターボジェットエンジンが搭載された。

NC1080は無駄のないコンパクトにまとめられた設計で、主翼には二〇度の後退角がつけられていた。ただ垂直尾翼には後退角がついていたが、水平尾翼はテーパー付き直線翼となっている。そして一部に革新的な設計がみられた。それが主翼の構造である。本機の主翼には特徴があった。短く狭い航空母艦への着艦を容易にするために、主翼のほぼ全長に等しい長さのフラップを備えていることである。このために両主翼には補助翼はなく、両翼端に配置された特殊なスポイラーによって機体のロール運動を可能にしていた。

武装は機首に三門の二〇ミリ機関砲が装備され、主翼には五〇〇キロまでの爆弾あるいはロケット弾の搭載が予定されていた。

試験飛行が続いていた一九五〇年四月、本機は飛行中にバランスを失い墜落した。本機は自社開発であることから製作数は一機のみであった。そのために本機の以後の開発は中止せざるを得なかったのだ。

なおアエロサントル社（SNCA・ド・サントル）は、フランス航空界発展の先陣を切ったアンリ社とファルマン社の合併で設立された国営会社であったが、本機の墜落の前年にすでに解散しており、本機はフランス航空界の名門会社が製作した最後の航空機となったのであった。

本機の主な要目は次のとおりである。

全幅　一一・〇メートル
全長　一二・二五メートル
自重　五一四一キロ
エンジン　ロールスロイス・ニーンHSターボジェット　推力二二五〇キロ
最高時速　九三〇キロ
上昇限度　一万三三〇〇メートル

②アエロサントルNC1080試作艦上戦闘機

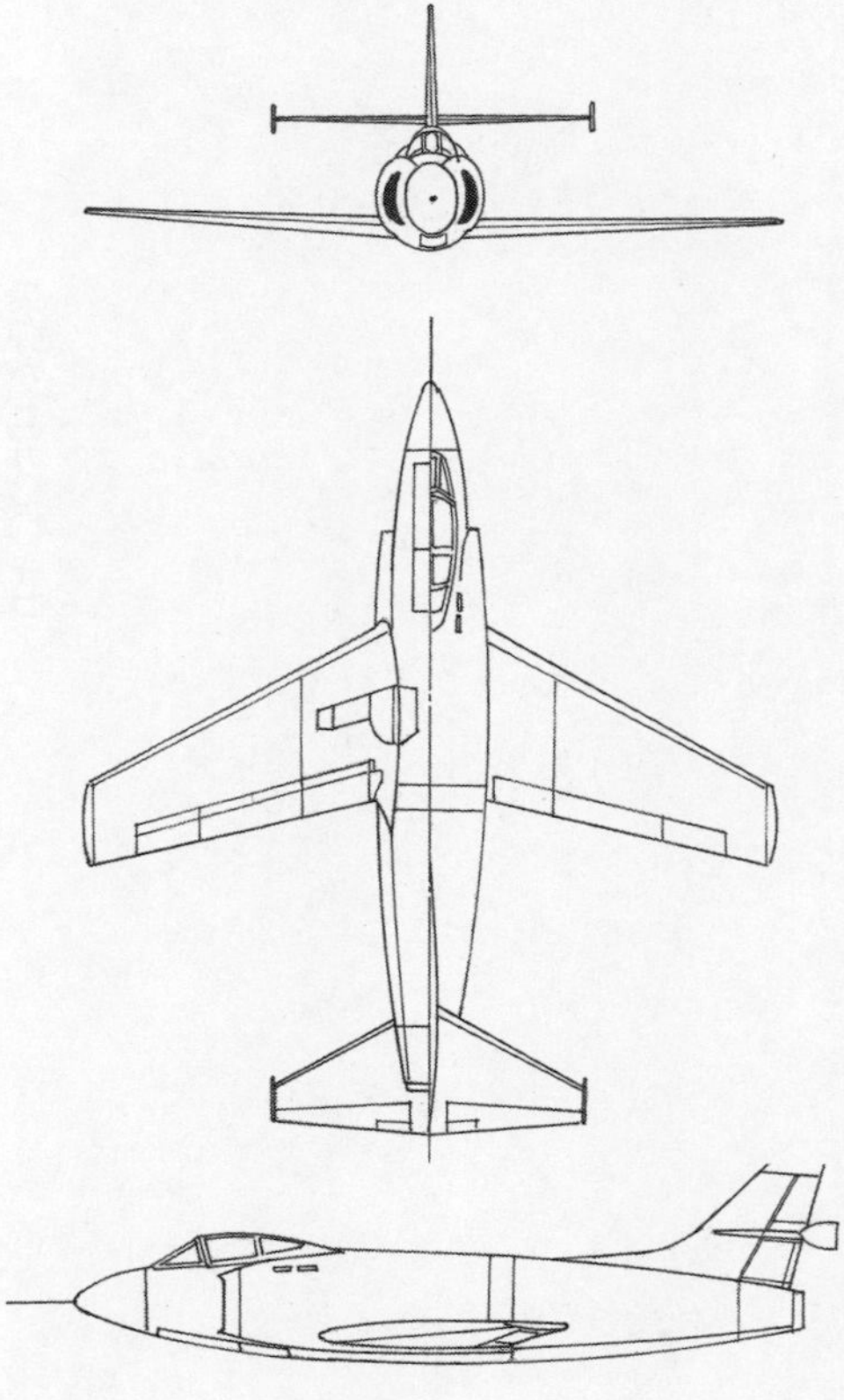

アエロサントルNC1080試作艦上戦闘機

航続距離　一三五〇キロ

武装　二〇ミリ機関砲三門
爆弾など五〇〇キロ

③アルスナルVG90試作艦上戦闘機

本機はフランスの国営航空工廠が、フランス海軍が提示した艦上戦闘機の仕様に基づき試作したジェットエンジン推進の艦上戦闘機である。このとき同じく艦上戦闘機の仕様で試作された機体に、前出のアエロサントルNC1080、ノール2200などがある。

アルスナル国営航空工廠は、第二次世界大戦終結直後の一九四五年十月には、早くもドイツから入手したユンカース・ユモ004B－2ターボジェットエンジンを装備した、小型研究機VG70の開発を進めており、一九四八年六月に初飛行を行なった。

しかし採用したエンジンの推力が弱かったことと、さらに機体の設計の欠陥から期待した性能を得ることができなかった。

同航空廠はその後イギリスからより強力なロールスロイス・エンジンを入手すると、直ちにフランス海軍の要請をうけて艦上戦闘機の設計に入った。

機体の形状は独自に試作したVG70に似た機体となった。そしてその外観には独特な特徴があった。胴体は細く高速機を思わせるスマートな姿で、主翼は肩翼式で二五度の後退角がついていた。ただ特徴的なのは、後に作られた後退角主翼付き機体にはほとんど見られなかった、上反角付きの主翼だったことである。

さらに機体の造りも変わっていた。胴体は全金属製であるが、主翼は金属桁に複層合板張りという木金混合となっていたのである。またエンジンの空気取り入れ口は、その後のジェット戦闘機にはあまり例がみられない配置で、両主翼下面の胴体両側面に配置されていた。

試作機は二機が作られ、試作一号機は一九四九年九月に完成し、試験飛行が行なわれた。そして翌一九五五年五月に、その一号機が試験飛行中に空中分解をおこして失われたのだ。原因は高速飛行中に主翼下面の主脚カバーが外れ、それが水平尾翼に当たりバランスを失ったためであった。さらに試作二号機も評価試験飛行中に失われた。その原因は高速飛行中に発生したフラッター現象による機体の破壊であった。

試作機二機の損失はこの機体の以後の評価テストを不可能にし、本機の以後の開発は中止されることになった。これら試作機には武装は施されていないが、計画では二〇ミリ機関砲三門が予定されていたようである。

本機の基本要目は次のとおり。

全幅　一二・六メートル
全長　一三・四メートル

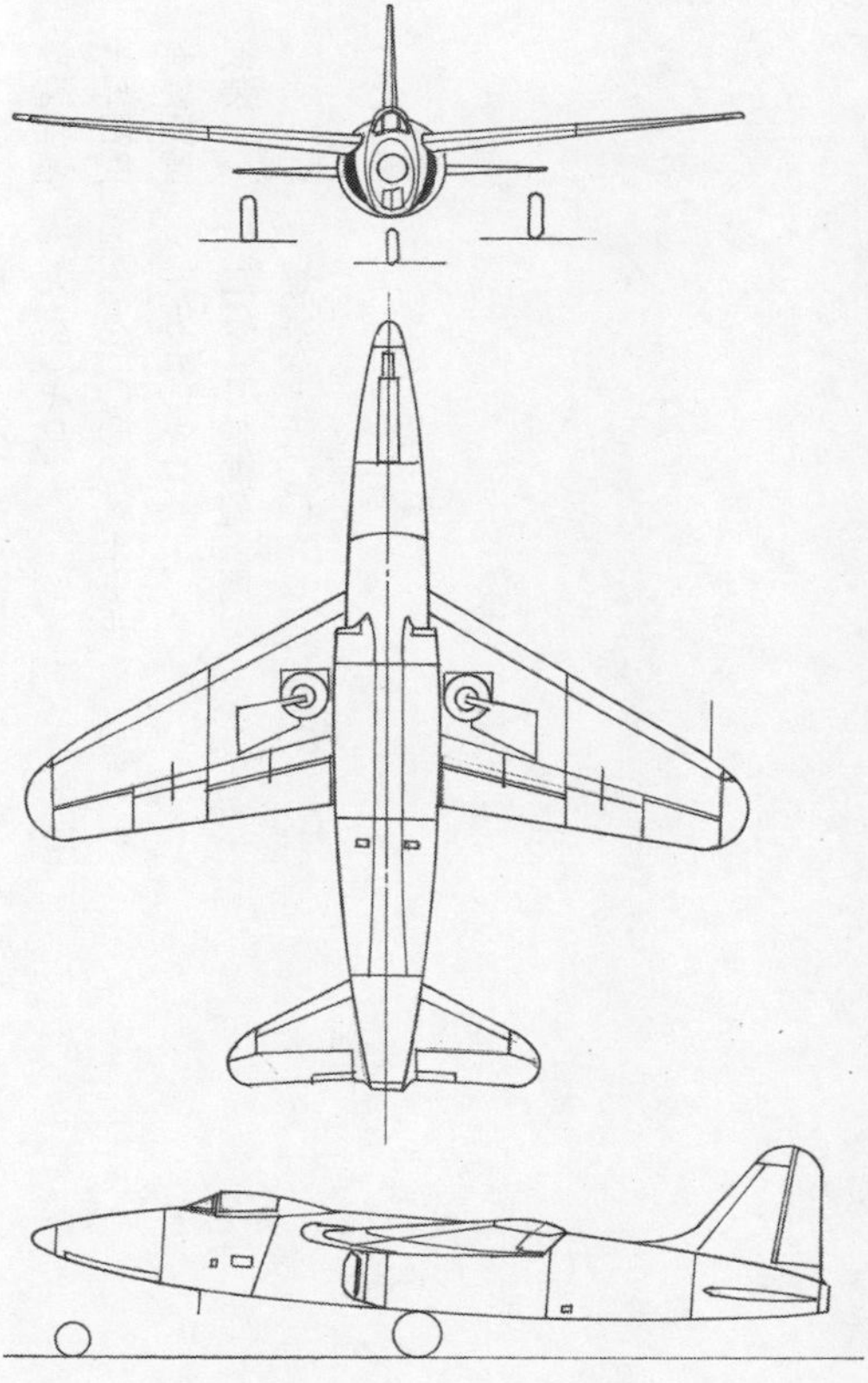

アルスナル VG90 試作艦上戦闘機

自重　五一〇〇キロ
エンジン　ロールスロイス・ニーンHSターボジェット
　推力二一八〇キロ
最高時速　九六〇キロ
上昇限度　一万三〇〇〇メートル
航続距離　一五五〇キロ
武装　二〇ミリ機関砲三門
　爆弾など五〇〇キロ

④ノール2200試作艦上戦闘攻撃機

ノール社（SNCA・ド・ノール：国営北部航空機製作所）は一九四七年に、フランス海軍よりジェットエンジン推進の艦上戦闘攻撃機の試作要請を受けた。前出のアルスナルVG90も同じ要請により試作された機体であった。その一方でこの試作要請の情報を得たアエロサントル社（SNCA・ド・サントル：国営中央航空機製作所）も、独自でジェット推進の艦上戦闘攻撃機の設計・試作を開始したが、この機体が前出のアエロサントルNC1080である。

ノール社はこの要請に対し慎重な態度を見せた。同社は競合して開発作業を進めているVG90やNC1080の開発情報を入念に精査した上で、設計作業を開始した。そして一九四九年十二月に試作第一号機を完成させた。

ノール社はエンジンに推力二二五〇キロのロールスロイス・ニーンHS101ターボジェットを選定したが、これは少なくとも間違いではなかった。試験飛行は成功し、その間の速度試験では最高時速九三四キロを記録した。この速力は決して高速とはいえなかったが、本機の用途として問題は生じないと判断されたのだ。

当時フランス海軍にはイギリスより供与されたコロッサス級軽空母一隻（艦名アローマンシュ）が在籍していたが、ジェットエンジン推進の艦上機の離着艦訓練を含む運用には小型に過ぎ、苦労を強いられていた。この頃すでにフランス海軍では独自設計の大型空母の建造計画が進んでいたが、その完成はまだ先の事であった。運用空母不在のこの頃のフランス海軍が、なぜ艦上戦闘機の開発を積極的に推進していたのか、その詳しい事情については不明である。

本機は全体的にコンパクトにまとめられた実用的な機体で、全幅より全長が長いことも当時のジェット推進軍用機としては他に例の少ない、珍しい存在であった。操縦席はかなり機首に接近しており、着艦時の視界の確保に留意したことがうかがえる。また主翼には浅い二四度の後退角がついているが、水平尾翼や垂直尾翼には際立った後退角はついていなかった。

なお本機の主翼には特徴があった。離着艦性能の向上のために、主翼後端には全幅にわたるファウラーフラップが装備され、両端は補助翼として作動する工夫が凝らされていた。

さらに特徴の一つに主脚の構造があった。主脚は着艦時の強い衝撃に耐えられるように、複雑な構造の特有の屈曲式緩衝装置が取り付けられていたのだ。艦載機の設計の経験に乏しかったがための方策であったのだ。

本機は試験飛行が継続している段階で、機首の空気取り入れ口の上端に小型の射撃用レー

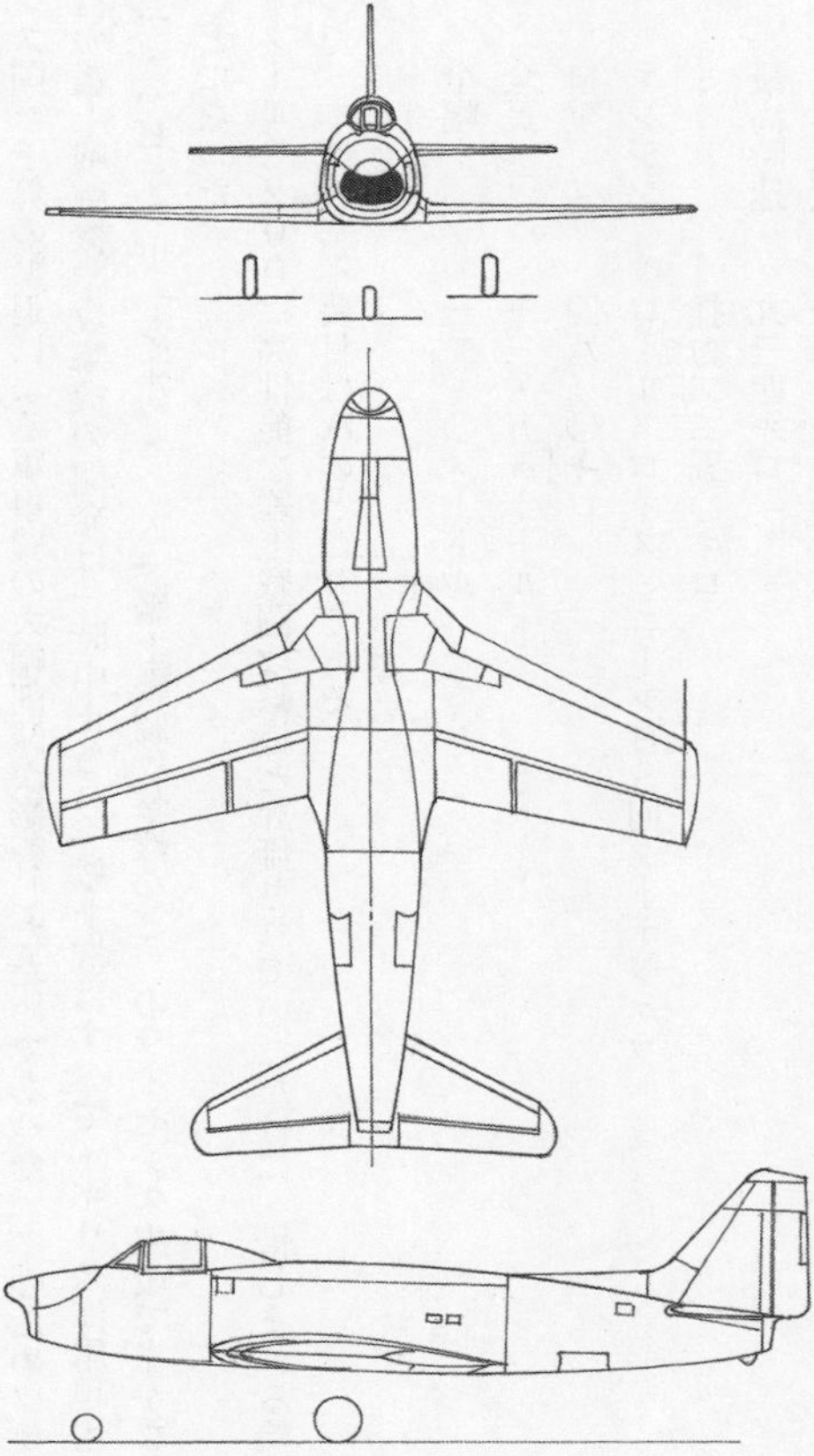

ノール2200試作艦上戦闘攻撃機

ダースキャナーが取り付けられている。

本機は一機のみの試作で、試験飛行は一九五二年末まで続けられ本格採用の機体として有望視されたが、それ以上の開発は中止され、採用されることはなかった。理由は当時のフランス国家予算の緊迫による軍事費の大幅削減が影響したためであった。このためフランス独自の艦上戦闘機や攻撃機の開発は一時中止され、艦上機はすべてイギリス海軍現用の機体（デ・ハビランド「シーヴェノム」艦上戦闘攻撃機など）のライセンス生産でまかなわれることになった。

ノール２２００は高性能な艦上戦闘攻撃機と評価されていただけに、惜しまれる機体であった。本機の基本要目は次のとおりである。

全幅	一二・〇メートル
全長	一三・五メートル
自重	四八二〇キロ
エンジン	ロールスロイス・ニーンＨＳ101ターボジェット
	推力二二五〇キロ
最高時速	九三四キロ
上昇限度	一万二〇〇〇メートル
航続距離	一一〇〇キロ

⑤シュド・ウエストSO6020試作戦闘機

本機は第二次世界大戦直後のフランス空軍が開発に着手した、フランス最初のジェットエンジン推進の航空機である。開発目的はジェットエンジン搭載の制空戦闘機であった。戦後のフランスでの航空機、それも新しいエンジン付きの航空機の開発には多くの難題が生じた。新しい時代の軍用機の開発には多くの戸惑いが立ち塞がったのだ。当然ながら本機の開発には様々な試行錯誤が込められ、その結果が出来上がった本機のスタイルや構造に現われたのである。

フランスは当初は独自開発のジェットエンジンを持っていなかった。そのために使用するエンジンはすべて友好国のイギリスに頼らざるを得なかった。最初に入手した強力なエンジンは推力二二五〇キロのロールスロイス・ニーンRn－2ターボジェットであった。本機はこのエンジンを搭載するように設計されたのであった。

機体の全幅は一〇・六メートル、全長一五メートルで、主翼は肩翼に近い中翼式となっており、主翼には三五度の後退角が採用されていた。そして主翼にはめずらしい上反角がつけられていたのに特徴があった。その一方で垂直尾翼や水平尾翼はレシプロエンジン戦闘機を思わせる形状が採用されていたのである。

本機の特徴は他にもあった。エンジン用の空気取り入れ口に特徴があり、取り入れ口は主翼後端に近い胴体下面両側部に開口していた。またコックピットは搭乗員一人でありながら全長三メートルを超える長大な透明風防で覆われていた。これは当時まだ試験段階にあった射出座席を配置するための準備であった。

試作一号機SO6020‐01機の初飛行は、一九四八年十一月だった。そして二号機の初飛行は一年後の一九四九年十二月であった。試作機は合計四機造られたが、これらは予想外の高性能ぶりを発揮し、シュド・ウエスト社（SNCASO：国営南西航空機製作所）や関係者を驚かせたのだ。各機体ともに最高時速は一〇〇〇キロを超え、試作四号機は高度一万二〇〇〇メートルからの急降下で時速一二〇〇キロ（マッハ〇・九八）を記録している。なお実用上昇限度も容易に一万三〇〇〇メートルを記録したのである。

ただし本機の最大の欠点としては、主翼が薄く胴体内の容積も少なかったために、大容量の燃料タンクを配置することができず、航続距離は最大八〇〇キロ止まりであった。このために試作三号機と四号機ではアメリカのロッキードF80「シューティングスター」戦闘機の例に倣い、両翼端に四〇〇リットル収容の補助燃料タンクを取り付けて航続距離一二〇〇キロを確保した。

143　⑤シュド・ウエストSO6020試作戦闘機

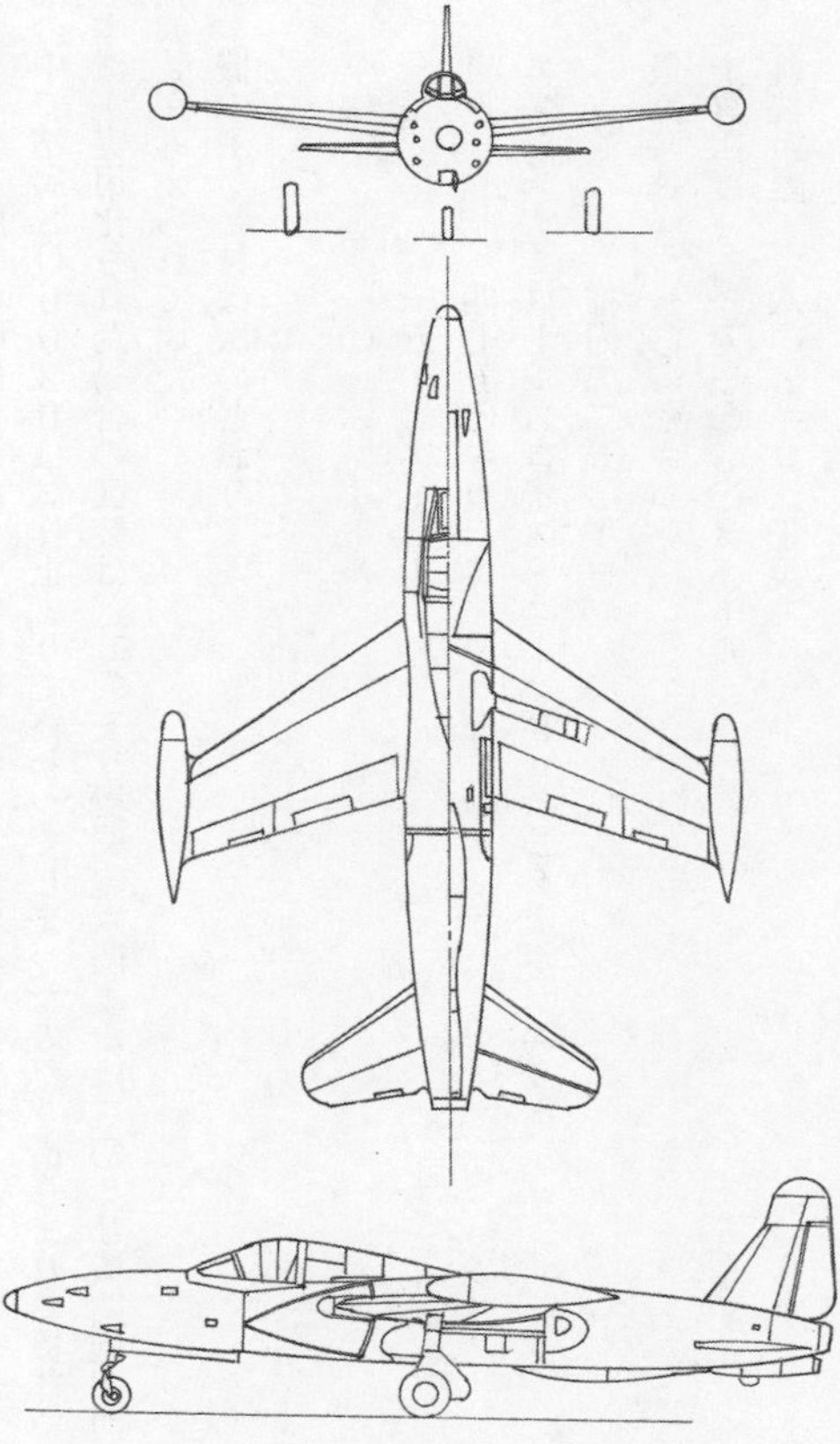

シュド・ウエストSO6020試作戦闘機

フランス空軍当局は本機を優秀と判断し量産計画が進められたが、当時の軍部内ではジェットエンジン動力の戦闘機のあるべき姿に対する具体的な見解がまとまっておらず、この混乱の中で結局SO6020は試作止まりで終わってしまったのだ。惜しまれる機体であった。

本機が実用化された場合の武装は、二〇ミリ機関砲六門または三〇ミリ機関砲四門という強武装が考えられていた。

本機の主な要目は次のとおり。

全幅　一〇・六メートル
全長　一五・〇メートル
自重　四七五〇キロ
エンジン　ロールスロイス・ニーンRn-2ターボジェット
　推力二二五〇キロ
最高時速　一〇〇〇キロ
上昇限度　一万三〇〇〇メートル
航続距離　八〇〇キロ（正規）

⑥シュド・ウエストSO4000試作爆撃機

本機は第二次世界大戦後にフランスで最初に作られたジェットエンジン推進の爆撃機である。つまりジェットエンジン推進の爆撃機の設計・開発は、フランスにとってはこれが最初の作業であった。フランスはドイツとの戦いによって新たな航空機の開発はストップ状態で、占領下の五年間の空白は、最新の航空機の開発には最大限の努力を必要とさせた。

そのような中で設計・開発されたこのSO４０００爆撃機は極めて興味深い機体として誕生した。まず完成した機体の図面を一見しただけでも奇妙な形であることに気がつく。本機はフランスが最初に取り組んだジェットエンジン推進の爆撃機であるだけに、設計に際してはかなりの試行錯誤があったことが理解できるのだ。

シュド・ウエスト社（SNCA・ド・シュド・ウエスト）は本機の試作にあたり、最初に実物の二分の一スケールの実験機を一機製作して試験飛行を行なった。そしてエンジンには実機に採用する予定の推力一五九〇キロのロールスロイス・ダーウエント・エンジンが搭載されたのである。

この実験機の外観は予定される実機をスケールダウンした機体であるが、実機と異なり主車輪は胴体中央部に三個の車輪をタンデム式に並べたもので、両翼端には補助車輪が取り付けられていた。

この実験機は全幅九メートル、全長一〇メートル、自重八〇〇〇キロという機体で、飛行テストでも極めて優れた性能を発揮し、本格開発される爆撃機の有望性を証明することになった。この一連のテスト飛行において本機は最高時速一〇〇〇キロを記録したのだ。

実験機の成功でSO4000の本格的な開発が始まった。そして一九五〇年十月に試作一号機が完成し、直ちに試験飛行が開始された。

完成した機体には各所に際立った特徴があった。本機はもともと中型爆撃機として設計されていた。胴体は流れるようなフォルムの細い紡錘形にまとめ上げられ、機首の上部には戦闘機並みの小型の風防が設けられ、操縦士一名が配置されていた。主翼は二〇度の後退角がついた比較的表面積の広い中翼式で、垂直尾翼と水平尾翼にも軽い後退角がついており、水平尾翼の位置が主翼より低い位置にあることに特徴があった。

エンジンは実験機とは異なりロールスロイス・ニーン102ターボジェットエンジン二基が、胴体内の後方に並列に搭載され、ジェット排気口は機尾に二個並んで配置された。

SO4000の外観上の最大の特徴は、その複雑な主車輪にあった。主車輪はダブル車輪であるが、なぜか前後に大型の緩衝器付き脚柱でそれぞれ二基配置の構造となっていた。こ

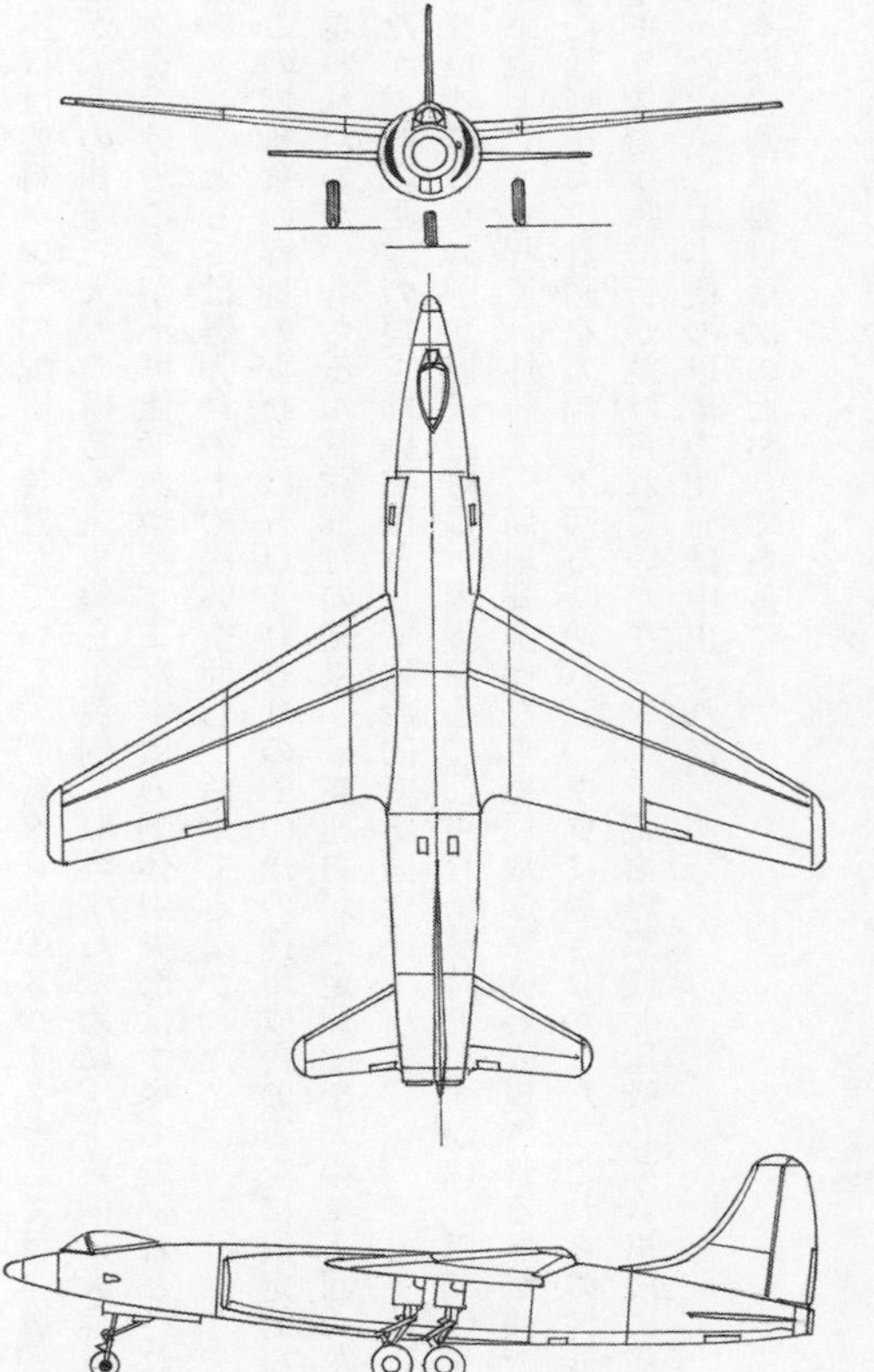

シュド・ウエストSO4000試作爆撃機

の複雑で大型の車輪を主翼内に外側引き込み式に収容する仕組みになっているところに、本機の持つ難題がみられた。

本機は燃料タンクの配置に苦慮している。燃料タンクのスペースとしては主翼が考えられるが、その複雑で大型の構造の主車輪を主翼内に収容するために、主翼内に大容量の燃料タンクを設けることが不可能であった。また本機の胴体中央部はすべて爆弾倉とされており、燃料タンクとしては爆弾倉の上の浅い空間しか活用できなかった。

この燃料倉の容量の少なさはSO4000のその後の採用成否の審査に決定的な欠陥として現われたのだ。もちろん試験飛行の結果、最高速力が予定速度を大幅に下回ったこともあったが、航続距離の短さは爆撃機として致命的であった。

SO4000の予想航続距離は、爆弾三〇〇〇キロ搭載時でわずかに一二〇〇キロ、戦術爆撃機としても程遠い性能で、局地戦闘機ならぬ局地爆撃機と表現される爆撃機であった。また最高速力は計画を大幅に下回る時速八五〇キロに過ぎなかった。これらの性能は同じ頃イギリスで試験飛行が続けられていたキャンベラ戦術爆撃機と比較しても格段に劣るものであった。そして本機の以後の開発は中止された。

本機の基本要目は次のとおりである。

全幅　一七・九メートル
全長　一九・八メートル

自重　一万六五八三キロ
エンジン　ロールスロイス・ニーン102ターボジェット二基
　推力二二六八キロ×二
最高時速　八五〇キロ
上昇限度　不明
航続距離　一二〇〇キロ
武装　二〇ミリ機関砲二門
　爆弾三〇〇〇キロ

⑦ブレゲー1001「タン」試作戦闘攻撃機

ブレゲー社は一九一一年創立の世界で有数の古い航空機製造会社である。ブレゲー社が一九五〇年以降に開発した著名な航空機には、ターボプロップエンジンの艦上攻撃機「アリゼ」やターボプロップ双発哨戒機「アトランチック」などがある。「アトランチック」はフランス海軍ばかりでなく西ドイツ、オランダ、イタリアの各海軍でも運用した優秀な哨戒機である。ブレゲー社が第二次世界大戦後に最初に開発したジェットエンジン推進の軍用機がブレゲー1001「タン」であった。

本機は一九五〇年代に世界の空軍で流行した「軽ジェット軍用機」にあてはまる、軽ジェット戦闘・攻撃機である。

このブレゲー社開発の軽量軍用機には二つの系統があった。一つはNATO仕様に基づく軽攻撃機で、これはブレゲー1001「タン」と称し、いま一つはフランス空軍仕様の中高度戦闘攻撃機ブレゲー1100「タン」である。

151　⑦ブレゲー 1001「タン」試作戦闘攻撃機

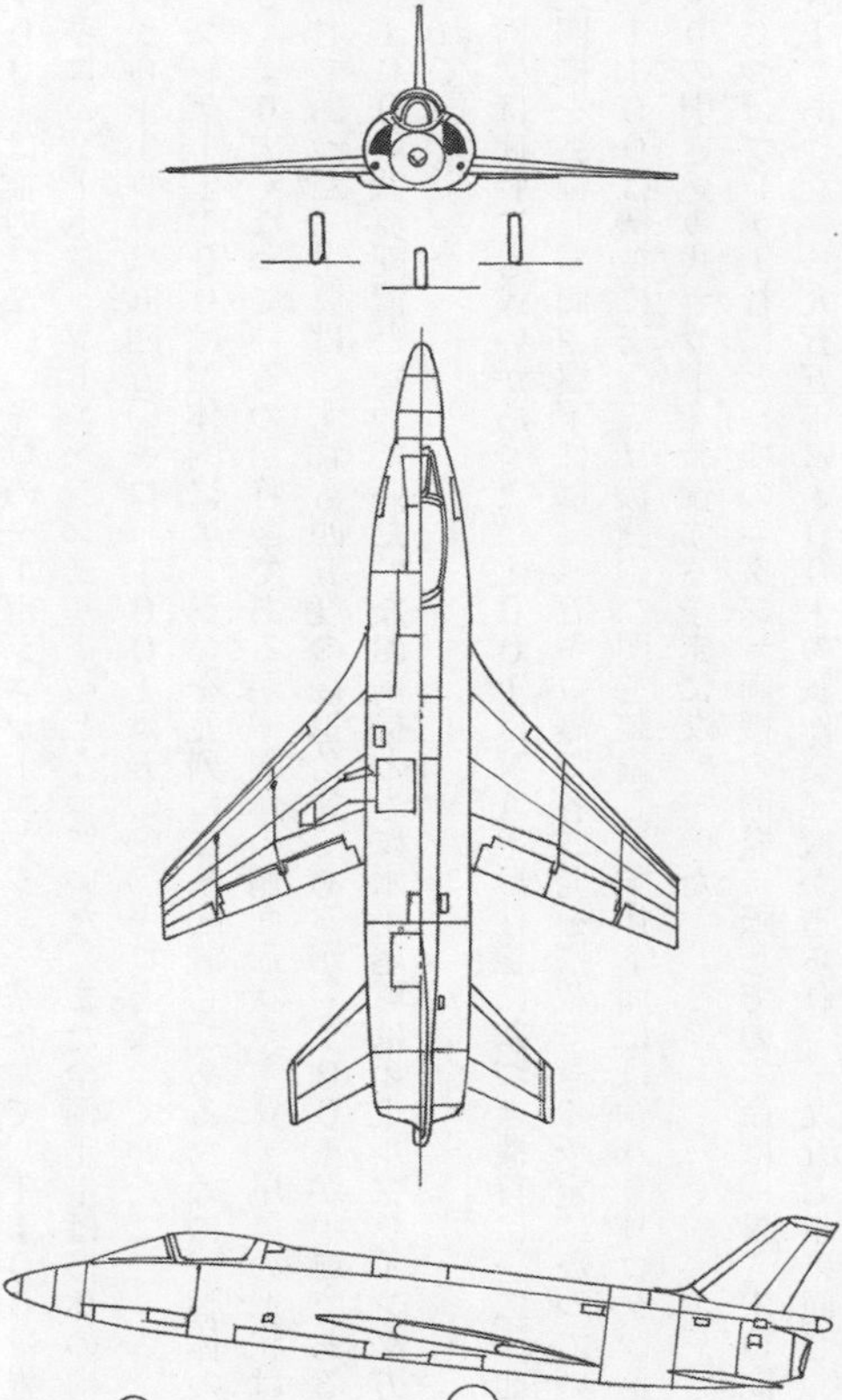

ブレゲー 1001「タン」試作戦闘攻撃機

この二種類の機体はエンジンの搭載に違いがあった。ブレゲー1100はエンジン二基搭載で、ブレゲー1001はエンジン一基搭載であった。ただエンジンの総出力は変わらず、1001は推力二二〇〇キロのターボジェットエンジン一基搭載で、1100は推力一一〇〇キロのターボジェットエンジン二基搭載となっていた。また全備重量は機体の構造上の違いから1100は五四五〇キロ、1001は五〇〇〇キロとなっていた。

ブレゲー1100は胴体内にエンジンを並列に二基配置してあるために、胴体の幅が1001より広くなっているのが特徴であるが、胴体の側面形状や主翼・尾翼の形状はまったく同じであった。主翼はいずれも四五度の後退角翼であるが、1001が中翼であるのに対し、1100は低翼配置となっていた。なお両機ともに水平尾翼はオールフライング方式が採用されていた。

両機は武装にも違いがあった。1001はNATO仕様に基づき機首に一二・七ミリ機関銃四梃を装備し、両主翼下には二二五キロ爆弾各二発を搭載できる予定になっていた。一方の1100は機首に三〇ミリ機関砲二門を装備し、胴体下面には六八ミリロケット弾三二発入りの引き込み式ポッドを装備する予定になっていた。

じつはブレゲー社にとっての「タン」両機の開発に際しての本命は、NATO向けの1001であった。一九五五年に1001の試作機三機が造られ、一九五七年に同じくNATO仕様に改造されたイタリアのフィアットG91戦闘攻撃機、フランスのエタンダールⅥとともに比較試験が展開された。その結果、NATO仕様戦闘攻撃機にはフィアットG91が選定されることになり、以後1100もフランス空軍に採用されることはなかった。

「タン（TANO）」とはフランス語の「虻（アブ）」の意味であるが、これはブレゲー社のエスプリで、NATOのアルファベットを組み替えたものである。

ブレゲー1001「タン」の基本要目は次のとおりである。

全幅	六・七八メートル
全長	一一・二五メートル
自重	二五八五キロ
エンジン	ブリストル・オーフューズ3ターボジェット 推力二二〇〇キロ
最高時速	一一七〇キロ
上昇限度	一万三二〇〇メートル
航続距離	九六三キロ（正規）
武装	一二・七ミリ機関銃四梃 二二五キロ爆弾四発

第5章　イギリス

①グロスターG42試作戦闘機

グロスター社は連合軍側最初の実用型ジェットエンジン推進の航空機、グロスター「ミーティア」双発戦闘機を開発し、一九四四年七月からヨーロッパ戦線に投入した。この機体は一九四三年三月に実用型機体の初飛行が行なわれただけに、その開発スピードは極めて速かったことになる。

当時のジェットエンジンはまだ非力で、実用化一号のMk1エンジンの出力は、わずか推力七七〇キロに過ぎず、これを二基装備することにより、当時の最速のレシプロ戦闘機並みの時速七〇〇キロを出すのが限界であった。

グロスター社はより強力なジェットエンジンの制作を進める中で、エンジン一基を装備する戦闘機の開発を行なっていた。そして一九四七年に単発ジェットエンジンの試作戦闘機グロスターG42を完成させた。しかしこの一号機をテスト飛行するために工場から飛行場に運搬する途中で不慮の事故が起き、試作機は破壊され修理不能となったのだ。

試作二号機が完成したのは翌年の一九四八年二月で、さらに翌一九四九年三月に試作三号機を完成させた。

これら二機は際立った構造上の特徴もない、極めてオーソドックスな形態の機体であった。主翼は中翼式で直線テーパー翼となっていた。ただ胴体は機体の規模に対しかなり太めに仕上がっていた。そして構造材にステンレススチールが使われていたことに最大の特徴があったともいえる。

試作二号機と三号機には構造的に多少の違いがあった。外観上の違いは水平尾翼の配置で、三号機の水平尾翼は垂直尾翼の途中に十字形に配置されていたことである。

二号機も三号機も当初より格段に出力の向上した、ロールスロイス・ニーン2（推力一二六五キロ）を搭載していた。しかし期待を持って実施された試験飛行では、三号機の場合でもその最高速力は時速九四五キロが限界であった。この速力はすでに実用化されていた双発のグロスター「ミーティア」F4の時速九七五キロに劣るものであった。

その後エンジンをD・H・ゴースト（推力二二六五キロ）に換装した試作四号機の製作の準備に入ったが、本機のそれ以上の開発は中止となった。

グロスターG42は第二次大戦直後に試作された幾種類かのイギリスジェット軍用機の中でも、とくに目立たない存在の機体であった。

本機の基本要目は次のとおり。

159　①グロスター G42 試作戦闘機

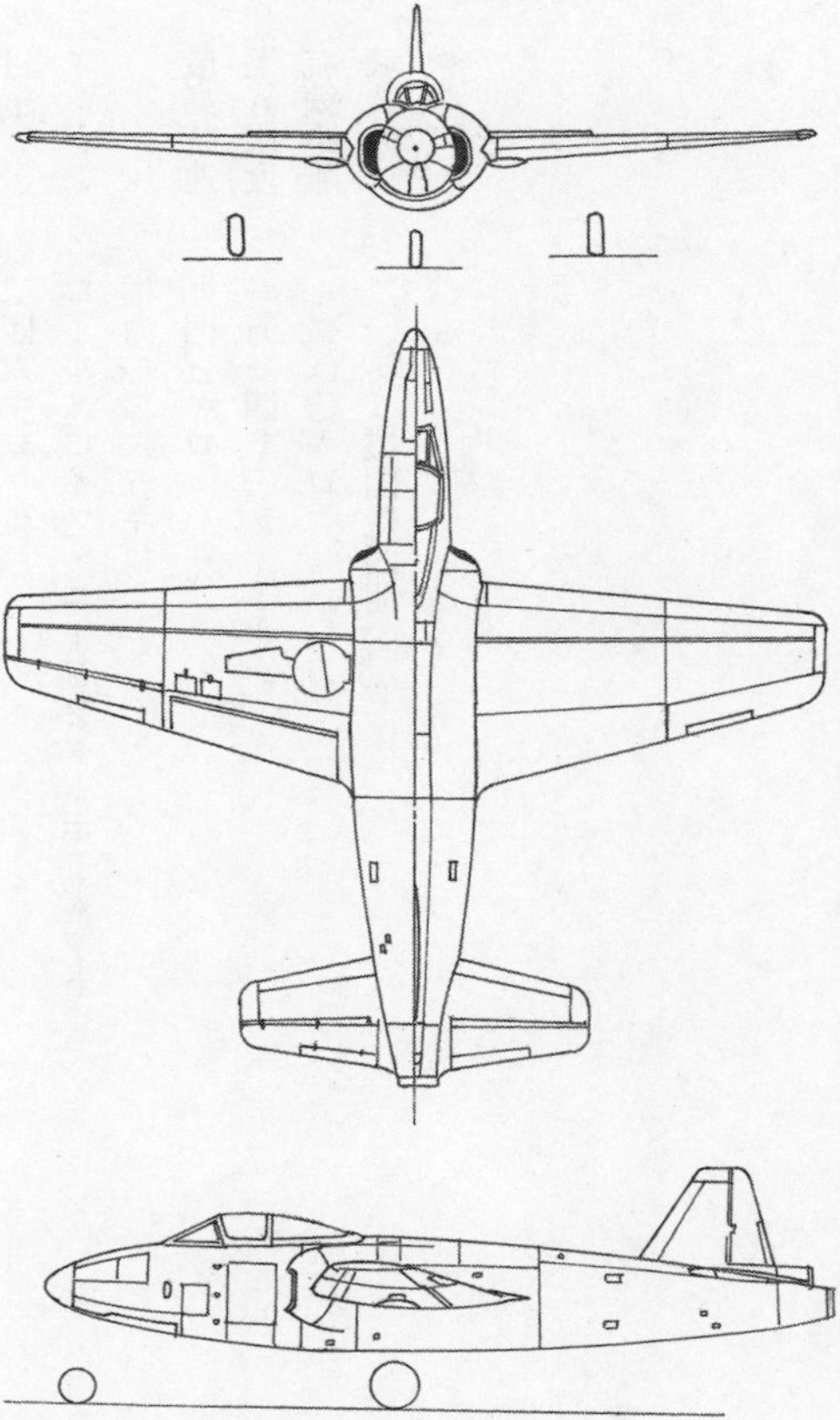

グロスター G42試作戦闘機

全幅　一〇・九七メートル
全長　一一・五八メートル
自重　二四六キロ
エンジン　ロールスロイス・ニーン2ターボジェット
推力一二六五キロ
最高時速　九四五キロ
上昇限度　一万三四七〇メートル
航続距離　一二〇〇キロ
武装　二〇ミリ機関砲四門

②ホーカーP1052／P1081試作戦闘機

イギリスの戦闘機の名門ホーカー社は、第二次世界大戦末期の一九四四年にジェットエンジン搭載の艦上戦闘機の開発を開始した。この機体はＰ１０４０の名称で、ロールスロイス・ニーンB41ターボジェットエンジンを搭載した。そして試作一号機は一九四七年九月に完成し、直ちに試験飛行を開始したが、気負いのないシンプルな設計の本機の飛行性能はイギリス海軍を十分に満足させ、すぐにホーカー「シーホーク」艦上戦闘機として制式採用された。

本機は直線翼の機体で、最高時速こそ八九九キロと低速ではあったが、艦載機としての操縦性能に優れ、取り扱いの容易なジェット艦載機としての評価は高かった。艦上戦闘攻撃機として合計五〇〇機以上が量産され、戦後のイギリス海軍空母部隊の主力艦載機として、一九五六年十月に勃発したスエズ動乱の際にも実戦に投入され活躍した。

ホーカー社はＰ１０４０の開発途上で、同機体に後退角主翼を取り付け、より飛行性能を向上させた新たな機体の開発も同時進行で行なっていたのである。これはＰ１０５２と称され、音速境界付近以下の速度領域で行動させる機体として設計が開始されていた。

このＰ１０５２の胴体と尾翼はＰ１０４０とほぼ同じであるが、主翼は三五度の後退角をつけたものが準備された。そしてエンジンはＰ１０４０の生産型と同じロールスロイス・ニーンＲＮ２ターボジェット（推力二二七〇キロ）を採用した。

試作機は一九四八年十一月に完成し、直ちに試験飛行が開始された。試作機には着艦フックが取り付けられ、航空母艦での離着艦テストも行なわれたが、その性能はＰ１０４０と大きく変わるところはなく、極めて良好な結果を得ることになった。最高速力は後退角主翼の効果が現われ、Ｐ１０４０より五〇キロ以上高速の時速九五六キロを記録した。

イギリス海軍としてはＰ１０５２の性能に満足はしたが、本機にさらなる改造を行ないより高性能を求めることに限界を感じた。そしてまったく新たな設計による高性能艦上戦闘攻撃機の開発が求められ、Ｐ１０５２の改造による、さらなる性能向上はここで一旦打ち切ることになった。

ホーカー社は海軍の要望を受け入れ早速、本格的に設計された後退角主翼付きの艦上戦闘機（攻撃機）の設計を開始した。この機体はＰ１０８１と呼称されることになった。

この頃オーストラリア空軍はジェットエンジン推進の次期戦闘機の選定を開始していた。このときオーストラリア空軍は試作ながら高性能を示したＰ１０５２に大きな関心を示していたのだ。そこでホーカー社はオーストラリア空軍に対し、高性能が期待できる試作予定の

P1081を選定候補として推薦し、試作を急いだのである。

P1081は開発期間を短縮するために、主翼や胴体の前半部分はP1052そのものとし、胴体後半部分と尾翼を再設計することで時間の短縮を図った。

P1052は空気取り入れ口が主翼付け根に配置され、胴体内のエンジンに空気は送り込まれるが、ジェット噴射口は胴体の両側、主翼取り付け部分後端に開いていた。P1081ではこの仕組みを単純化し、ジェット噴射口は胴体後端に設ける方式がとられた。そして同時に水平尾翼や垂直尾翼にも後退角が採用されることになった。

P1052の試作機に対するこれら一連の改造はわずか四週間で行なわれた。そして試験飛行は早くも一九五〇年六月に実施された。このときエンジンは試作P1052が搭載していたロールスロイス・ニーンRN2（推力二二七〇キロ）が使われた。

試験飛行の結果はホーカー社が驚くほどの好成績を示したのだ。最高速力はP1052より一五〇キロ以上も速い時速一一一九キロを記録した。また操縦性能も満足できるものとなっていた。

しかしこの努力にもかかわらず、オーストラリア空軍はP1081の開発計画が進められているときに、すでにアメリカ空軍のノースアメリカンF86戦闘機の採用を決定していたのである。このために高性能を発揮したP1081は不運にも実用化されることはなかった。

しかし同じ頃、ホーカー社は次期戦闘機としてP1081と同じ構想の戦闘機を開発中であった。そして完成したホーカー「ハンター」はP1081に酷似した機体となった。P1

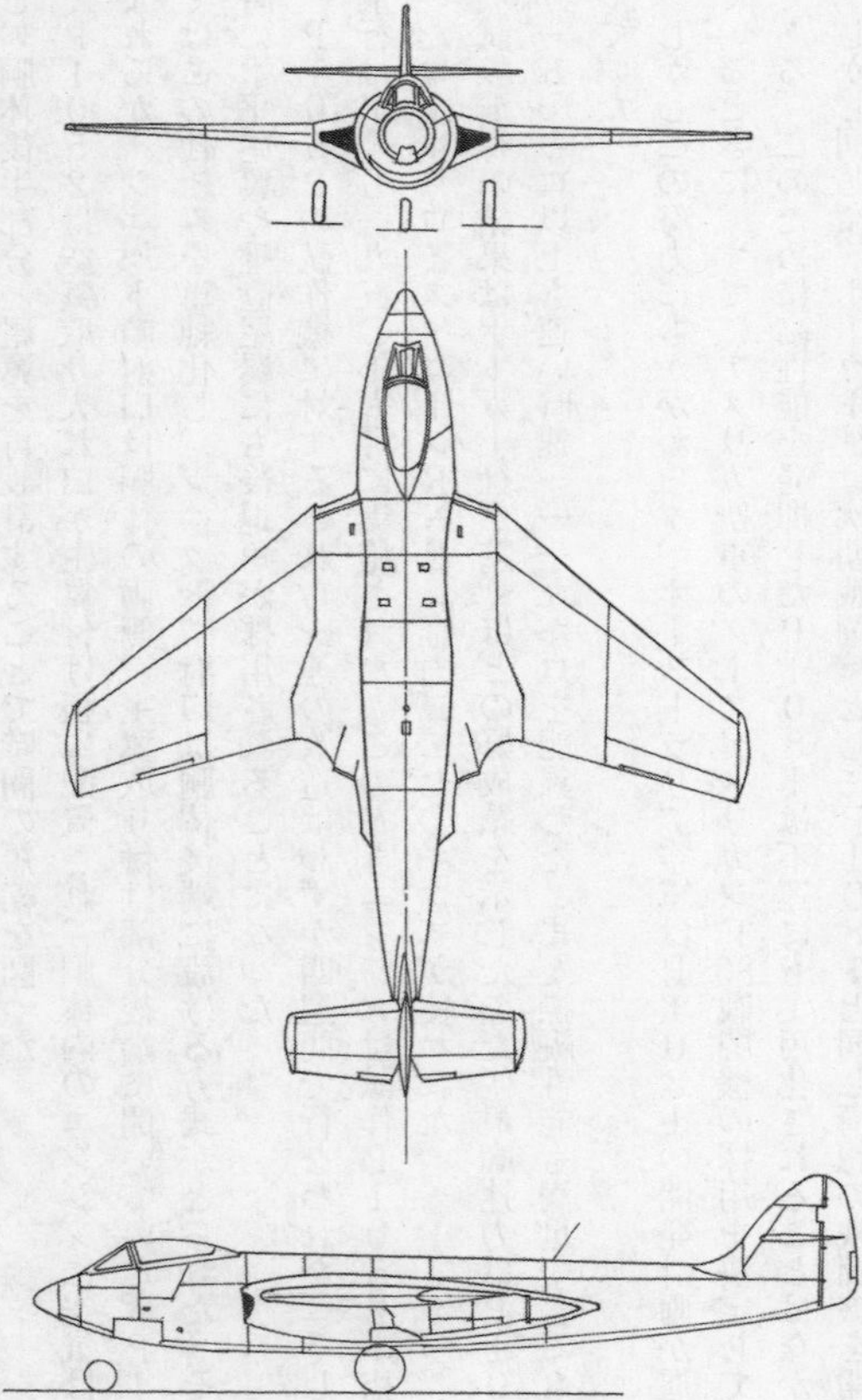

ホーカー P1052試作戦闘機

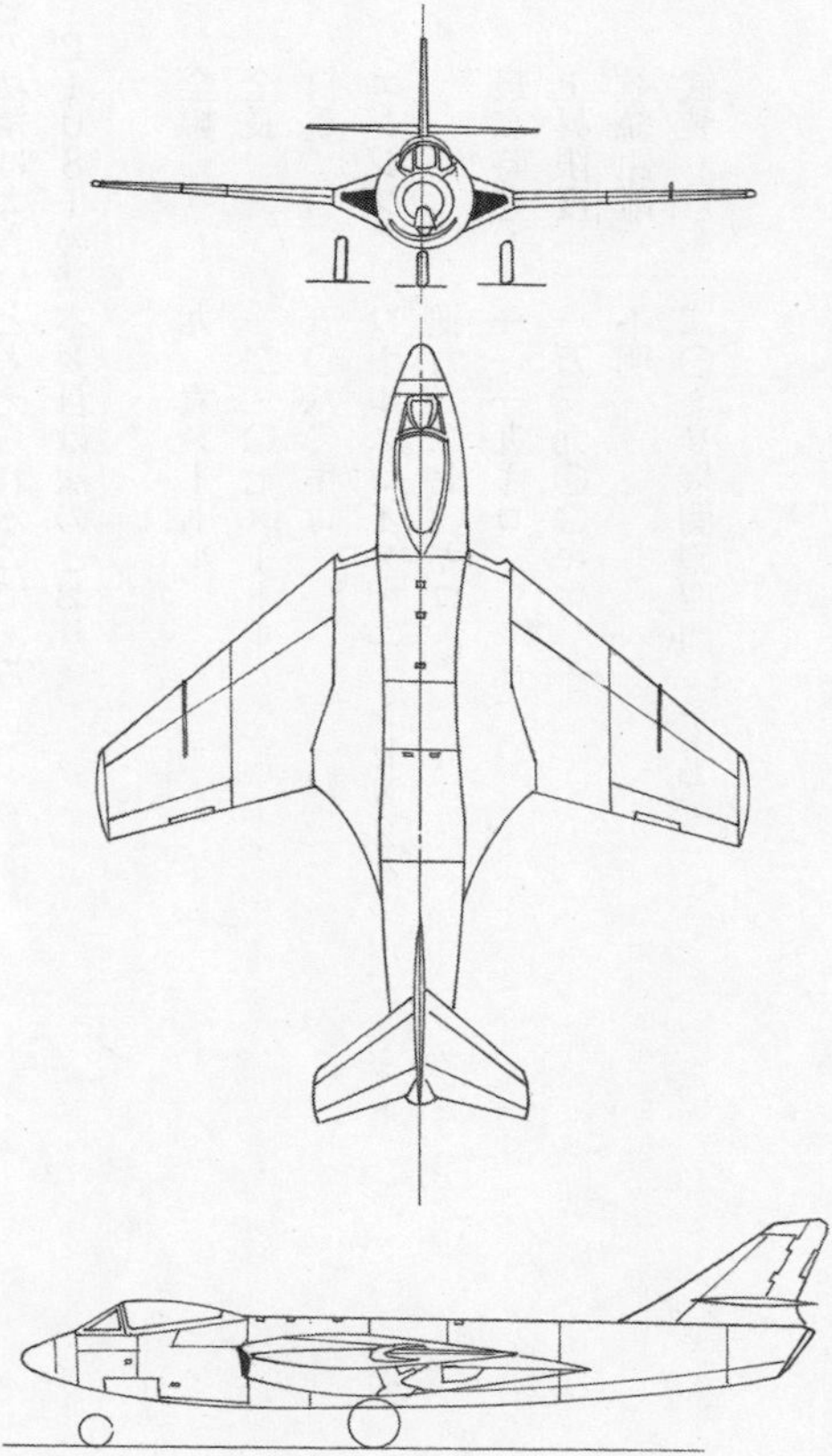

ホーカー P1081 試作戦闘機

081の試作とホーカー「ハンター」の開発は、互いの過程で技術情報交換が行なわれたことは間違いなく、P1081が傑作戦闘機ホーカー「ハンター」を牽引したともいえそうで、その功績は大きいと考えられるのである。

P1081の基本要目は次のとおり。

全幅　九・六メートル
全長　一二・〇七メートル
自重　五〇八〇キロ
エンジン　ロールスロイス・ニーンRN2ターボジェット
　推力二二七〇キロ
最高時速　一一一九キロ
上昇限度　一万三九〇〇キロ
航続距離　不明
武装　二〇ミリ機関砲四門（予定）

③スーパーマリン508／525試作戦闘機

　ジェットエンジン推進の航空機が開発される過程では、様々な異色の航空機が出現したが、イギリスもその例外ではなかった。ここで紹介するスーパーマリン508戦闘機は、極めて特異な構想の中で開発が進められた艦上戦闘機である。

　イギリス海軍はジェットエンジン駆動の艦載機の開発に際し、じつに奇想天外な着想の戦闘機を真面目に開発しようとしたのである。考えの基本は、ジェットエンジン推進の機体にはプロペラが存在しないために、機体の胴体下面さえ強靭な造りにすれば、機体を航空母艦の飛行甲板上に胴体着艦させても何ら機体を損じることはないというもので、機体の発艦はカタパルトで行なうとするものであった。

　飛行甲板の着艦部分には厚い硬質ゴムを張れば、胴体着艦する機体はゴムと機体の摩擦で制動距離は縮まり、車輪と着艦フックを使う従来の着艦方法に比較し安全かつ効率的であるという考えなのである。イギリス海軍はこのアイディアを早速、実現すべく胴体着艦専用の艦上戦闘機の試作を開始したのだ。

この奇想天外な発想に基づく機体はスーパーマリン505として試作されることになった。ただ同社は本機が陸上基地でも扱えるように車輪付きの機体もあわせて開発することにした。エンジンにはロールスロイス・エイボンR・A3ターボジェット（推力二九五〇キロ）二基装備である。

完成した「脚無し」505機の図面は非常に特徴の多い機体となっていた。主翼は直線テーパー翼であるが、外観上の最大の特徴となったのが尾翼であった。尾翼は水平・垂直の区別のないV字形となっていたのだ。従来の水平尾翼をV字形にすることにより、水平尾翼に垂直尾翼と水平尾翼の双方の機能を持たせたのであった。

（注）V字尾翼が実用機に使われた事例は極めて少ない。その少ない例として一九四七年にアメリカのビーチクラフト社が開発した、ビーチクラフト「ボナンザ」という単発のビジネスプレーン（または軍用の連絡機として）がある。本機はV字尾翼を採用した成功例で、以後約三〇年間に一万機以上も販売されるベストセラー民間小型機となった。

しかし海軍はこの段階で本機の開発を中止した。理由は着艦設備が完備した航空母艦をあえて胴体着艦専用の航空母艦に改造することのメリットが見出せなかったためであった。そして「脚付き」505を正規の次期艦上戦闘機508として改めて開発することにしたのである。またさらに508の主翼に後退角をつけた機体を525として、これも別途開発することにしたのであ

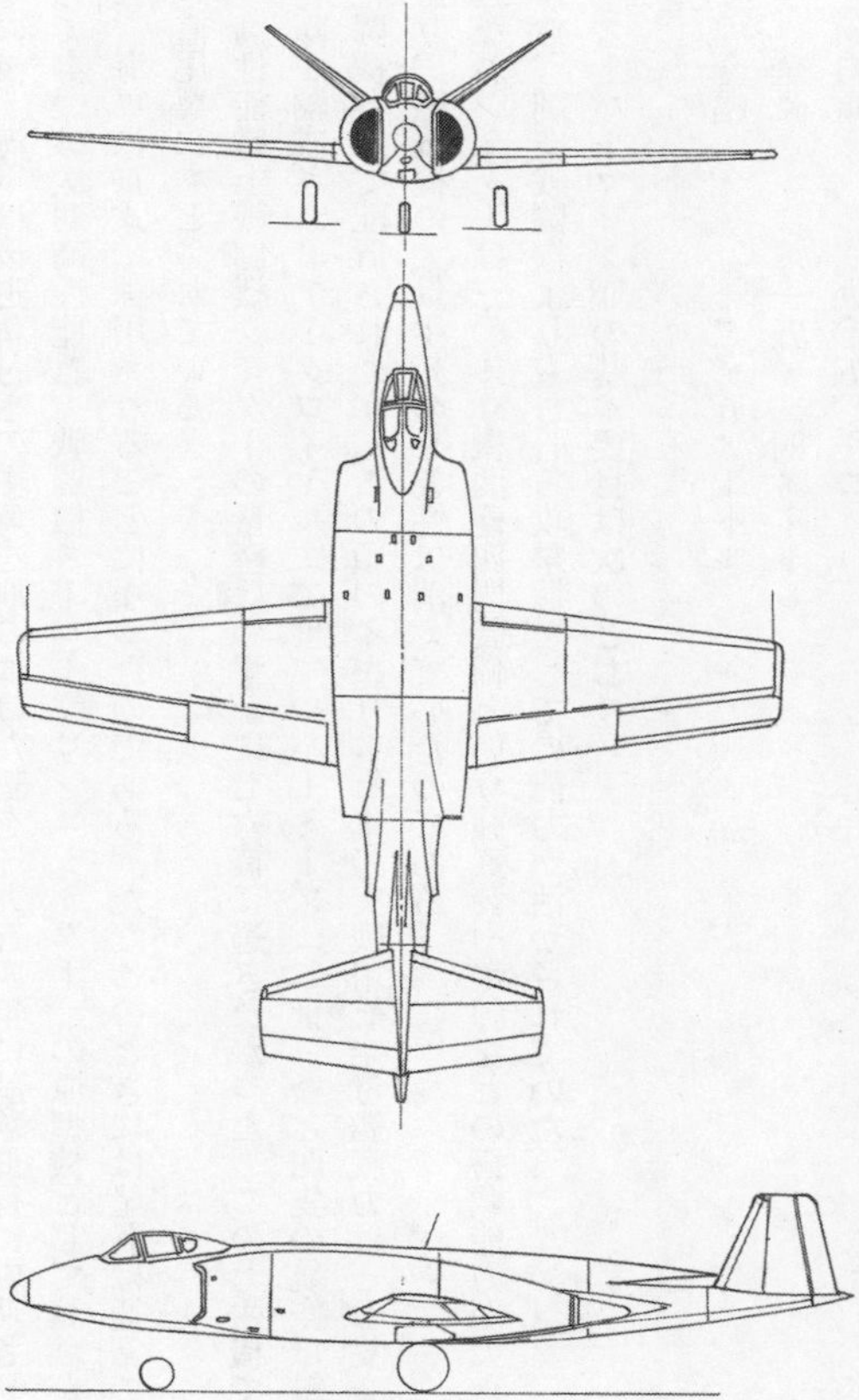

スーパーマリン508試作戦闘機

った。

508の試作機は一九五一年に完成し、翌年には航空母艦イーグルで離着艦試験に成功した。その後、海軍は後退角付きの主翼を取りつけた525を一九五四年に試験飛行に成功させた。そして本機は次期高性能艦上戦闘機スーパーマリン「シミター」の原型機として試験が続行され、海軍に正式に採用されることになったのである。ただこのときには尾翼は通常の水平・垂直尾翼にもどされている。

高性能艦上戦闘機シミターの量産はわずかに七六機に過ぎなかった。この七六機で四個飛行隊が編成され、アークロイヤル（二世）やハーミーズ（二世）など四隻の航空母艦の制空戦闘機として配置されたが、この頃のイギリス海軍の実戦用航空母艦戦力は一〇隻を割っており、艦載機の大量生産の必要性は消えていたのである。

なおシミターは三〇ミリ機関砲四門装備という強武装や爆弾などの搭載能力が大きいことから、制空戦闘機よりもむしろ攻撃機としての能力が活かされていた。

スーパーマリン508の基本要目は次のとおり。

全幅　一二・五メートル
全長　一五・二四メートル
自重　九〇五〇キロ
エンジン　ロールスロイス・エイボンR・A3ターボジェット二基

推力二九五〇キロ×二
最高時速　一一五〇キロ
上昇限度　一万四一〇〇メートル
航続距離　不明
武装　三〇ミリ機関砲四門（予定）

④ショートSA4「スペリン」試作爆撃機

イギリスは一九四七年に核兵器の開発を始めた。そしてそれと同時に核兵器の運搬可能な爆撃機の開発をスタートさせた。しかしそこで期待されるジェットエンジン動力の爆撃機の開発には長い時間が予想されるために、現時点で第一線戦略爆撃機として原子爆弾の搭載が可能な機体であるレシプロエンジンのアヴロ「リンカーン」爆撃機と、長い開発時間が予想される高性能ジェット重爆撃機の間を埋める、「当面の間運用するジェットエンジン推進の爆撃機」の開発が急がれた。

事実イギリスのジェットエンジン推進のジェット戦略爆撃機の開発には長い時間がかかった。アヴロ「ヴァルカン」爆撃機、ハンドレーページ「ヴィクター」爆撃機など、いずれも試作から制式採用までに八年から一〇年の歳月を必要としたイギリスは、この課題を解決するために、ショート社とヴィッカース社に対し、この繋ぎ役の爆撃機の開発を要請したのである。

これに対してショート社は開発期間を短縮することを目的に、手慣れたレシプロエンジン付き重爆撃機に近い構造とスタイルの手堅い設計の爆撃機の開発をスタートさせた。試作機は早くも一九五一年八月に完成し、試験飛行も無難に成功させた。しかし出来上がった「スペリン」はジェットエンジンは装備しているが、そのスタイルはおよそ時代の先端を行くジェットエンジン推進の爆撃機とは程遠い無骨なものであった。

まず驚くのはその胴体の巨大さである。胴体は大型の核爆弾の搭載が可能なように高さ、幅ともに三メートル、長さ九メートルの巨大な爆弾倉が配置されており、胴体の全長は三〇メートルに達した。胴体断面形状は縦長となっていた。そして爆弾倉の容積を大きくするために主翼配置は肩翼式に近い中翼であり、その胴体はまさに同社が得意とする飛行艇の姿であった。

主翼は全幅三三メートルで、主翼前端に後退テーパーのついた直線翼で、高速機にはふさわしくない厚翼構造となっていた。そして本機の外観上の最大の特徴はエンジンの配置方法にあった。エンジンは四基であるが、片側二基装備のエンジンは主翼を挟んで上下二段に配置され、上下各エンジンは一体のカバーで成形されていた。

この配置はその後の世界の多発ジェット機の中でも類を見ない配置方法であったが、採用した理由は、エンジン出力差による飛行中のバランスがとりやすいことや、エンジン整備が容易であるという発想であったらしい。本機のエンジンには推力二七〇〇キロのロールスロイス・エイボン・ターボジェットが採用された。

そして試験飛行の結果は、その武骨な姿には似合わぬ高性能を示したのだ。最高速力は予想外の時速九一二キロを記録、実用上昇限度にいたってはじつに一万三七〇〇メートルという想定外の記録を示した。また航続距離は厚い主翼構造のおかげで大量の燃料が収容でき、ジェットエンジン推進の航空機としては最大の五五〇〇キロを記録したのである。

しかし同じ時に四発ジェット爆撃機のヴィッカース「ヴァリアント」が完成し試験飛行を行なっていた。その結果は「ヴァリアント」が航続距離を除きすべての性能がショート「スペリン」を抜いたのである。

結局イギリス空軍は繋ぎの重爆撃機として「ヴァリアント」を選定することになり、同機の量産が始まったのだ。

しかし一方の「スペリン」はイギリス空軍としても捨てがたい魅力を持っていたのだ。保守的な設計であるが機体強度は極めて強靭であった。イギリス空軍は本機を新しく開発されるジェットエンジンのテストベッド機として以後長く使うことになった。

また特筆すべきこととして、「スペリン」は一九五二年十月にインド洋のオーストラリア領モンテ・ベロ島で行なわれたイギリス最初の核実験や、翌年七月のオーストラリアでの核実験に参加している。本機はその長大な航続距離を活かし、周辺域で大気の塵の空中採取を実施し、放射性物質の拡散に関する貴重な資料を収集したのである。

結局ショート「スペリン」は試作機ながら初飛行以来一五年の長きにわたり、イギリス空軍の様々な実験の下働きとして活躍し、一九六〇年代後半に退役することになった。試作機

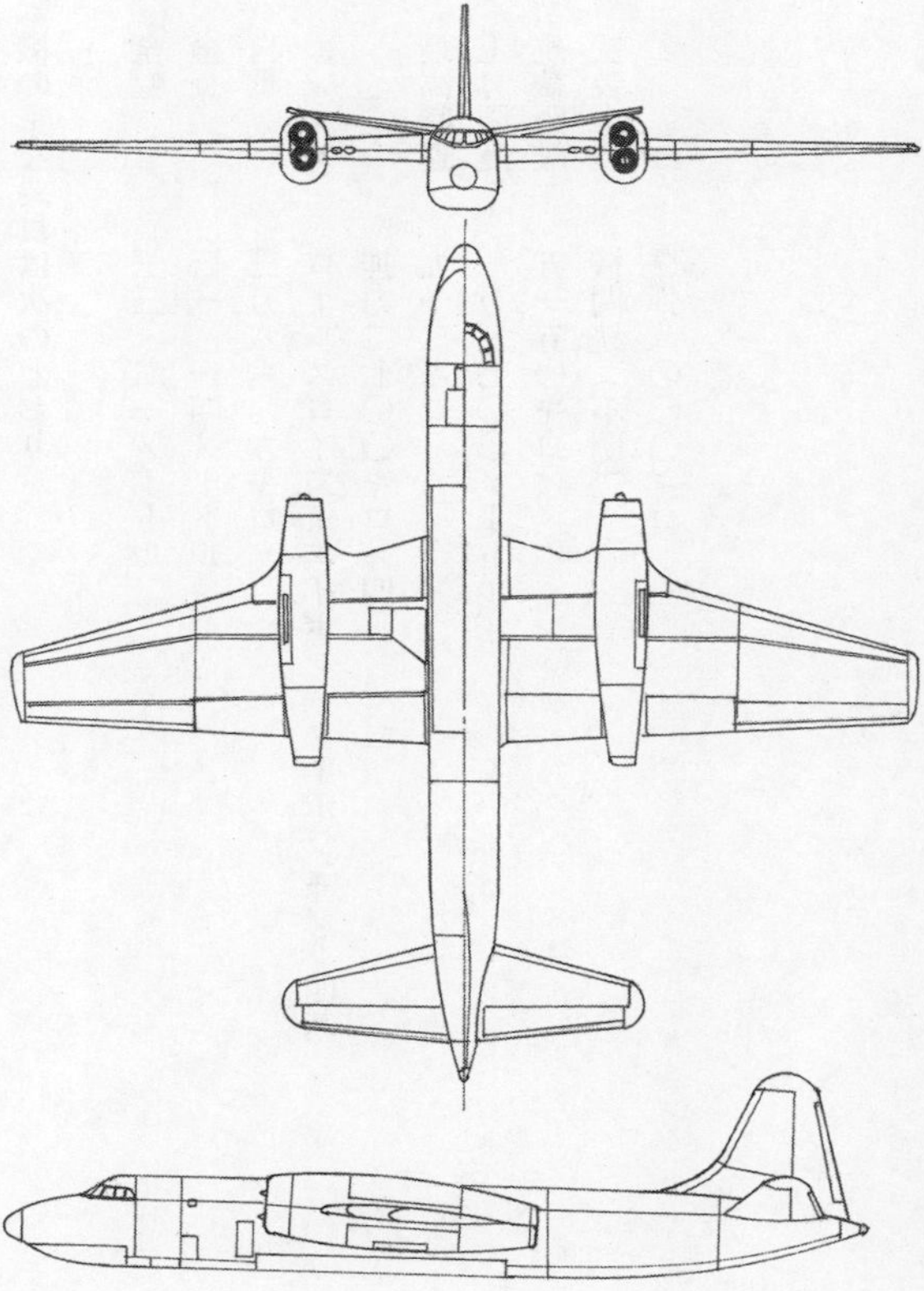

ショートSA4「スペリン」試作爆撃機

としては世界でもじつに珍しい経歴を持つ機体となったのである。

本機の主な要目は次のとおり。

全幅　三三・二一メートル
全長　三一・一四メートル
自重　三万八六〇六キロ
エンジン　ロールスロイス・エイボン・ターボジェット四基
　推力二七〇〇キロ×四
最高時速　九一二キロ
上昇限度　一万三七〇〇メートル
航続距離　五一五〇キロ
武装　機関銃（不明）
　爆弾八〇〇〇キロ

⑤サンダース・ロウSR・A1試作水上戦闘機

本機は極めて珍しい水上ジェット戦闘機である。水上ジェット戦闘機には本機以外にアメリカ海軍が開発したコンベアXF2Y「シーダート」（後述）があるだけだ。

SR・A1を開発したサンダース・ロウ社とは、本来は船舶用機関や素材を製造する会社であったが、第二次世界大戦中は、イギリス空軍の小型飛行艇スーパーマリン・「ウオーラス」や「シーオッター」を製造する、スーパーマリン社の下請け会社の位置にあった。

サンダース・ロウ社はこの間に小型飛行艇に関する様々なノウハウを習得し、一九四四年にイギリス空軍省に対し、独自開発によるジェットエンジン推進の水上戦闘機の開発計画書を提示したのだ。この計画書に空軍省は興味を抱き、同社に対し同戦闘機の開発を命じたのである。

イギリスは日本と同様に島国である。太平洋戦域で日本海軍が水上戦闘機を有効に活用し、戦力の一つとしていたことに着目した同社の技術陣が、ジェットエンジン推進の水上戦闘機も将来の戦闘機運用の選択肢の一つであると判断し、この発想が生まれたのであった。

同社の理論によると、レシプロエンジン式水上戦闘機の最大の欠点は、プロペラが存在するために飛行の際の大きな抵抗となるフロートを装着しなければならない、ということにあった。仮にジェットエンジンを動力とすれば、機体そのものをフロートとすることが可能で（飛行艇と同じ理論）、よけいな抵抗を排除でき、構造的にも単純な姿の水上戦闘機を作り出すことができると考えたのである。

しかし同社はこれまでに航空機の設計を行なったことがなかっただけに、試作機の設計と製作に時間を要し、ようやく完成したのは提案から三年後の一九四七年六月となってしまった。

試験飛行は翌七月に開始されたが、その性能は当初の予想を下回るものであった。小型にまとまってはいたが、所詮は抵抗の多い正面断面積の大きな飛行艇であり、空力的には同じ規模の陸上戦闘機に対し優るものは一つもなかった。試作機は三機作られてテスト飛行は続けられたが、イギリス空軍は途中でジェット水上戦闘機に対する興味を完全に失ってしまった。そしてSR・A1の将来は完全に消えたのであった。

本機には様々な特徴がみられた。胴体の形状はスリム化された小型飛行艇の姿そのもので、胴体の中央内部には直径の小さな推力一七四五キロの軸流式ターボジェットエンジン、メトロポリタン・ヴィッカースB2－1が並列に二基搭載されていた。

機首にはエンジン用の空気取り入れ口が開き、肩翼式の主翼の付け根後端にはそれぞれジ

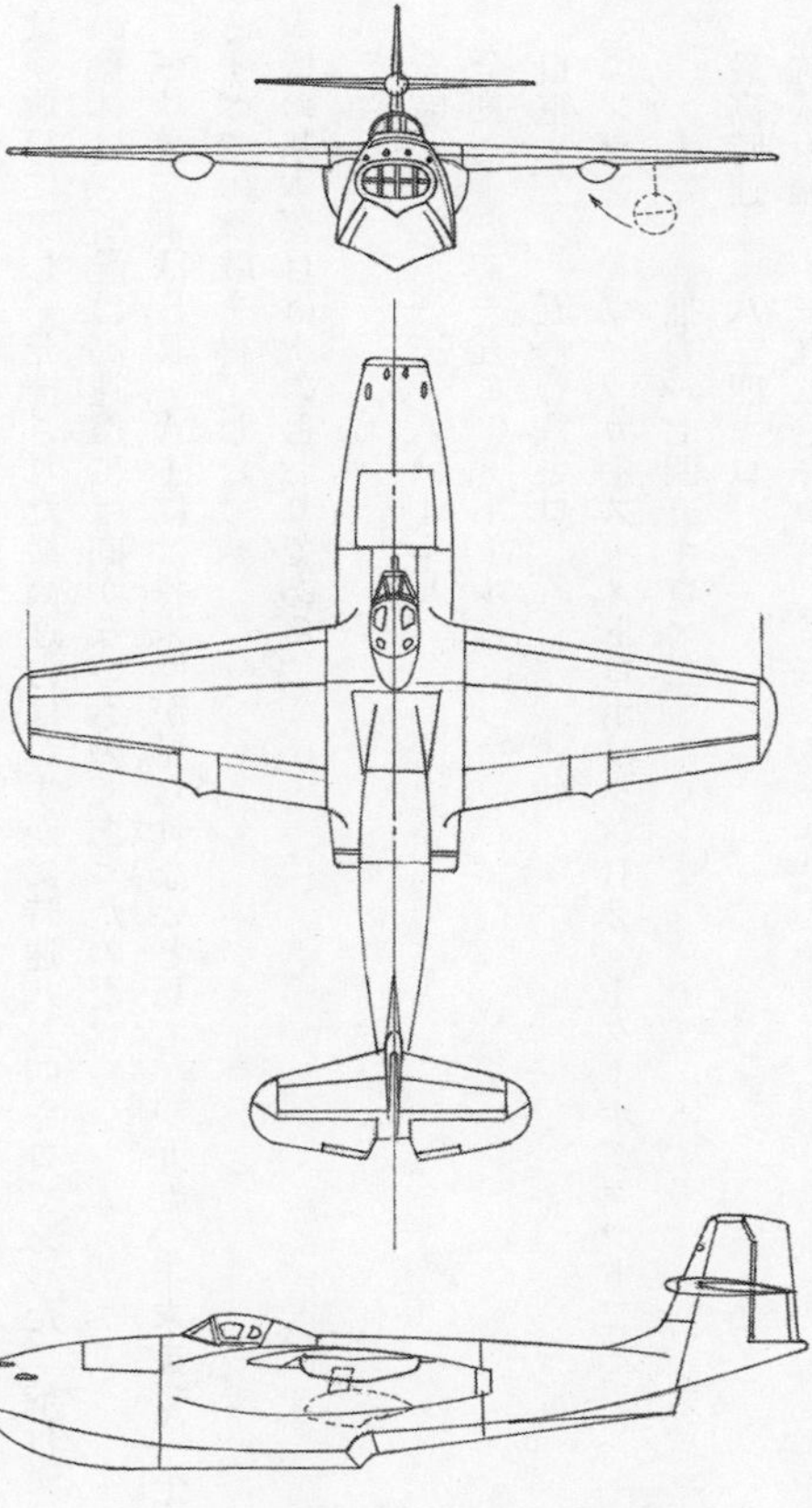

サンダース・ロウ SR.A1試作水上戦闘機

エット排気口が開いていた。そして主翼は直線テーパー翼で両翼端には小型の引き込み式の補助フロートが取り付けられていた。垂直尾翼は離水に際しジェット噴射により飛散する海水の影響を極力避けるために高く配置され、水平尾翼はその途中に十字形に配置されていた。試験飛行に際し、発揮された最高速力はわずかに時速八二四キロであった。飛行艇に似た姿の機体は、所詮は高速機には向かないものであったのだ。

イギリス空軍はSR・A1には将来性が見られないとして、一九五〇年末までに本機に関するすべての試験を終了した。

本機の基本要目は次のとおりである。

全幅　一三・八メートル
全長　一五・〇メートル
自重　五一〇八キロ
エンジン　ヴィッカース・メトロポリタンB2－1ターボジェット二基
　推力一七四五キロ×二
最高時速　八二四キロ
航続距離　一九二〇キロ
武装　二〇ミリ機関砲四門
　爆弾など九〇〇キロ

第6章

アメリカ

①ノースロップXP79試作迎撃戦闘機

新進気鋭のアメリカ航空機メーカーのノースロップ社は、社長のジョン・K・ノースロップ氏を中心に無尾翼機（全翼機）の実用化に熱心であった。彼はすでに陸軍航空本部に対しレシプロエンジン駆動の四発全翼式重爆撃機（後のXB35）の構想を提出していた。当時の陸軍航空本部は次期戦略爆撃機計画として「TenTen Bomber（Ten サウザント・キログラム＝一万キロの爆弾をTenサウザント・キロメートル＝一万キロ運べる、爆撃機）」の構想を実行に移そうとしていたのであった。

この長大な計画はその後、実際に推進され、実用化された爆撃機が後のコンベアB36（六発エンジンの長距離超重爆撃機）である。じつはノースロップ社は全翼式爆撃機の構想を陸軍航空本部に提案すると同時に全翼式戦闘機の構想も提案していた。そしてノースロップ社は一九四三年一月に、陸軍航空軍より正式にXP79として全翼式戦闘機の試作発注を受けたのである。

ノースロップ社は当初より、この全翼式戦闘機は迎撃専用の戦闘機として開発する構想を持っており、動力にはロケットエンジンを考えていた。しかし搭載を予定していたロケットエンジン（XCAL200）の完成の目途が立たなくなったために急遽、動力をジェットエンジンとする計画で機体の設計が始まったのだ。

構想された機体は、既存の航空機の概念をまったく打ち砕くもので、全体は翼だけで構成されていたのだ。翼は飛行の安定を図るために緩い後退角がついており、その中央部先端には操縦席が配置された。しかし操縦士は操縦席に座るのではなく腹這い状態で搭乗するのである。この姿勢は大きな空気抵抗となる操縦席の突起を極力少なくできるとともに、急激な操作に対する操縦士への重力加速度（G）の負担を軽減する働きともなるのである。

XP79のエンジンは操縦席の両側に近接して配置され、それぞれの排気口近くに垂直尾翼（合計二組）が配置された。昇降舵は主翼端の補助翼がその代用として作動するようになっていた。降着装置はエンジンの両側の前後に各側二基ずつ配置され、翼内に収容される。なお本機の機体は一般的なジュラルミン構造ではなく、強度の高いマグネシウム合金が用いられていた。

しかしこのマグネシウム合金造りの機体は、その後本機の用途についてのあらぬ誤解を生じることになったのである。つまりXP79は迎撃戦闘機として設計されたために、「強靭なマグネシウム合金の主翼で敵機に体当たりしてこれを撃墜する戦法を展開する。そのために操縦士は安全度の高い腹這い姿勢で操縦するのだ」という噂が流布されるようになったので

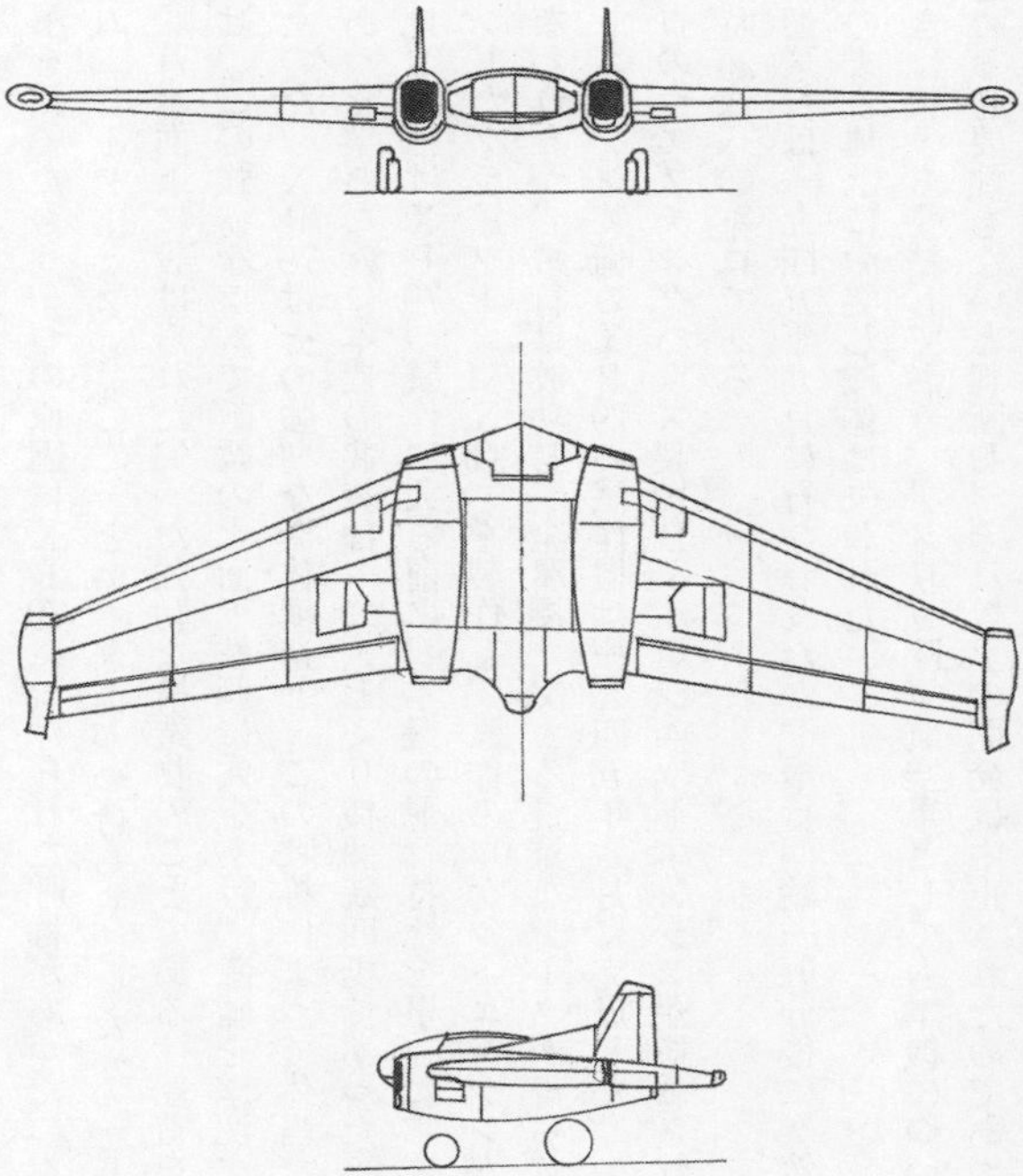

ノースロップ XP79 試作迎撃戦闘機

ある。これはまったくの間違いなのである。

この誤解を招いたもう一つの原因にXP79につけられた呼称があった。本機には「フライング・ラム（Flying Ram）」という名前がつけられていたが、「Ram」とは旧式な軍艦の船首水面下に設けられた尖った強靭な構造物のことである。船首を敵艦の側面に体当たりさせ、この強靭なラムで敵艦の水面下舷側に穴をあけ、敵艦を撃沈する、という戦法に使われたのだ。XP79はその強靭な機体構造と、この呼称によって体当たり専門機と思われたのであった。ちなみに本機の武装は一二・七ミリ機関銃四梃であった。

ノースロップ社はXP79の試作に入る前に、本機の飛行特性を事前に掌握するためにスケールダウンしたグライダー（MX320）を製作し、試作のロケットエンジンが搭載されて試験飛行が行なわれたが、飛行は成功し、全翼機に関する貴重なデータが得られたのだ。

ジェットエンジン装備のXP79の試作機は一九四五年六月に完成した。エンジンには推力六一九キロのウエスチングハウス製19Bターボジェットエンジンが搭載された。計算上の最高速力は時速八八〇キロである。

本機の初飛行は一九四五年九月に行なわれたが、飛行開始一五分後に突然、錐もみ状態となり、そのまま地上に激突し機体は失われた。

このときは戦争も終結しており、アメリカ陸軍航空軍としても本機について今後積極的に開発を進める必要性もないと判断し、それ以上の開発は中止されたのであった。

本機の基本要目は次のとおり。

全幅　一一・五八メートル
全長　四・二六メートル
自重　二三七〇キロ
エンジン　ウエスチングハウス19Bターボジェット二基
　推力六一九キロ×二
最高時速　八八〇キロ（計画）
航続距離　一五九八キロ（計画）
武装　一二・七ミリ機関銃四梃

②コンベアXP81試作長距離護衛戦闘機

初期のジェットエンジン推進の航空機の最大の欠点はエンジンの燃費の悪さ、とくに戦闘機などは大量の燃料を搭載することができないために、長い航続距離を求めることが不可能だったことである。この問題はジェットエンジン推進の戦闘機の開発の大きな足枷となったのである。

この問題に対しアメリカ陸海軍が提案した解決策は、ジェットエンジンとレシプロエンジンの双方を搭載した混合動力機を開発するという考えであった。この方式では通常の飛行はレシプロエンジンを、戦闘時にはジェットエンジンを使い、運動性を飛躍的に向上させるというものである。この方法を採用すればジェットエンジン専用機体よりも航続距離が伸ばせるのである。

アメリカ陸海軍はほぼ同時にこの混合動力機の開発を始めたが、いずれも戦闘機をそのスタートとした。

アメリカ陸軍航空軍は近い将来に完成が予定される長距離戦略爆撃機を護衛する戦闘機の開発をコンベア社に要請した。この長距離護衛戦闘機に対する要求は、爆撃機護衛に際し敵迎撃戦闘機に対し有利な戦闘が展開できるよう、巡航時にはレシプロエンジンを、空戦時にはジェットエンジン単独または両エンジンを駆動させ、敵戦闘機に対し絶対有利な条件で空戦が展開できる戦闘機の開発であった。

コンベア社はそれまで戦闘機の設計には未経験に近かったが、あえてこの難問に挑戦したのだ。この種の戦闘機に要求される条件は、レシプロエンジンとジェットエンジンの両エンジンの搭載、そして長距離飛行と燃費の悪いジェットエンジンを考慮し、大容量の燃料タンクの配置であった。

コンベア社は本戦闘機のエンジンとして、レシプロエンジンには出力一七四〇馬力の液冷アリソンV－1650－7を、ジェットエンジンにはジェネラルエレクトリック社製の推力一七〇〇キロのJ33－GE5ターボジェットエンジンを選定した。

XP81は一九四四年十二月に完成したが、既存のレシプロエンジン付き戦闘機に比較し格段に大型であった。大型になった原因は胴体内にターボジェットエンジンを搭載したこと、また主翼と胴体内には大容量（三〇〇〇リットル以上）の燃料タンクを搭載するためであった。このために主翼の幅は一五・四メートル、全長一三・六メートル、自重五・八トンという巨大な戦闘機（当時、アメリカ陸軍航空隊の最大の戦闘機はリパブリックP47N戦闘機で、全幅一三・四メートル、全長一一メートル、自重四・八五トン）となった。

ジェットエンジンは操縦席背後の胴体内に搭載され、エンジン用空気取り入れ口は操縦席背後の胴体上の左右二ヵ所に設けられ、ジェット排気口は機尾に配置された。なお本機は三車輪式である。そして主翼は後端に前進角を持つ直線テーパー翼で、垂直尾翼も水平尾翼も直線で仕上げられていた。

試験飛行は遅れて一九四五年一月に行なわれたが、この一連の試験飛行において、両エンジンを駆動させたときの最高速力は時速七四〇キロが限界であった。当時アメリカ陸軍航空隊の最新鋭のレシプロ戦闘機であるノースアメリカンP51HやP47Nは、最高時速七五〇キロを超えており、また両機の最大航続距離は三〇〇〇キロを超えていた。XP81が求めていた最大航続距離は四〇〇〇キロである。

この芳しくない性能に対し、コンベア社はエンジンを最新のターボプロップエンジンに換装した試作二号機を製作しテスト飛行に挑んだ。搭載されたのはジェネラルエレクトリック社製のXT31エンジンであったが、当初から不調で最大出力は一四〇〇馬力しか出せなかった。当然ながら飛行性能は試作一号機にも劣ることになった。この時点でターボプロップエンジンはまだ開発途上で、実用化にはいま少しの時間が必要であったのである。

この結果を見てアメリカ陸軍航空軍はXP81のそれ以上の開発を中止した。

本機の基本要目は次のとおり。

全幅　一五・三九メートル

②コンベア XP81 試作長距離護衛戦闘機

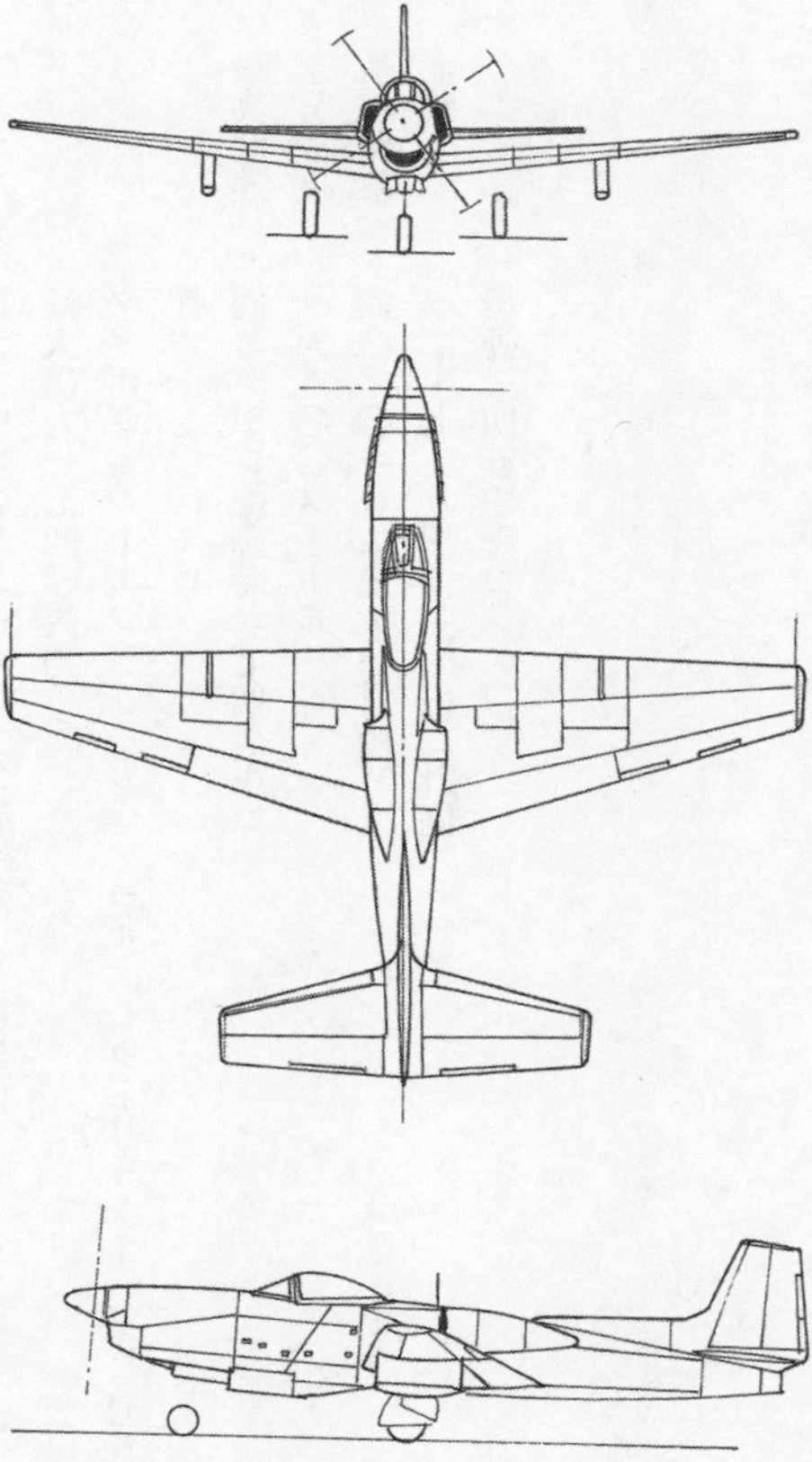

コンベア XP81 試作長距離護衛戦闘機

全長　一三・六一メートル
自重　五七八五キロ
エンジン　レシプロエンジン：アリソン液冷V－1650－7
最大出力一七四〇馬力
ターボジェットエンジン：ジェネラルエレクトリックJ33－GE5
推力一七〇〇キロ
最高時速　両エンジン駆動時：七四〇キロ
上昇限度　一万八〇〇メートル
航続距離　四〇〇〇キロ（最大：計画）
武装　一二・七ミリ機関銃六梃（計画）
爆弾一四五〇キロ

③ライアンFR／XF2R試作艦上戦闘機

アメリカのジェットエンジンの歴史はイギリスやドイツに比較して遅いスタートである。アメリカが第二次世界大戦に参戦前の一九四一年四月に開催された、アメリカ・イギリス両軍の定例技術交流会に際し、イギリスは自国開発のホイットル式ジェットエンジン（パワージェットW1）をアメリカに提示した。アメリカ軍関係者はイギリスから提供されたこのエンジンに関する図面と関係書類一式を、直ちにジェネラルエレクトリック社に送り込み、W1エンジンのコピーの試作にあたらせたのだ。これがアメリカにおける本格的ジェットエンジン開発のスタートなのである。

GE社は直ちにこのジェットエンジンのコピーの試作に入り、まずコピーエンジン、G1エンジンを制作した。そしてこのエンジンに独自の改良を加え、アメリカ最初の実用型国産ジェットエンジンG3を完成させた。そして翌一九四二年にはG3の生産を開始したのである。

このG3ジェットエンジンとその改良型のJ31－GE3は一九四五年までに二四一基が生産されたが、G3の出力（推力）はわずかに六三〇キロ、また改良型のJ31－GE3も推力九〇〇キロとまだ非力なエンジンであった。

アメリカ最初の実用ジェット軍用機は陸軍が製作したベルP59戦闘機であるが、この機体はJ31エンジンを胴体内に二基装備していたが、最高時速六六四キロとレシプロエンジン付き戦闘機並みであった。またエンジンが非力であるために上昇力や限界高度も当時の最優秀のレシプロ戦闘機に大きく劣るもので、量産された本機はその後ジェットエンジン推進の戦闘機の操縦訓練機として使用されるにとどまった。

しかしこの非力なジェットエンジンも、混合動力機のエンジンとしてレシプロエンジンと同時に使うことにより、空戦時の上昇能力や加速性能を大幅に向上させる可能性が残されていた。

アメリカ海軍はこの考えを実現させるために、混合動力艦上戦闘機の開発を始めた。ここで計画された艦上戦闘機とは、護衛空母に搭載し艦隊上空や船団上空の防空を行なう迎撃戦闘機である。一九四三年当時のアメリカ海軍のこの任務の艦上戦闘機は、すでに旧式化していたグラマンFM（F4Fと同型）戦闘機で、これに代わる戦闘機を混合動力式で開発しようとしたのである。

アメリカ海軍はこの開発にあたる航空機メーカーとして、当時多少の作業余力のあったライアン社を選定した。この種の戦闘機に対するライアン社の開発スピードは速かった。一九四四年六月には早くもＸＦＲ－１として試作一号機を完成させ、直ちに試験飛行が開始されたが、その結果は海軍を十分に満足させるもので、直ちに量産に入った。

本機のレシプロエンジンには、出力一四二五馬力のライトサイクロンＲ－１８２０が搭載され、ジェットエンジンは推力九〇〇キロのジェネラルエレクトリックＪ31－ＧＥ３が選定された。ジェットエンジンは操縦席背後の胴体内に搭載され、エンジン用の空気取り入れ口は主翼前端の胴体付け根に設けられ、ジェット排気口は機尾に配置された。当然ながら車輪は三車輪式が採用されていた。

ＸＦＲ－１に装備されたジェットエンジンは非力で、レシプロエンジンも機体の規模に対しやや非力気味であった。しかし両エンジンを同時に作動させると、機体の性能は急激に向上し、最高時速六八五キロを記録した。上昇力も六〇〇〇メートルまで五分二五秒という好記録をマークしたのだ。この成績は当時のアメリカ海軍の第一線艦上戦闘機グラマンＦ６Ｆを大幅にしのぐものであった。

海軍は一九四五年一月にライアン社に対し、直ちに一一〇〇機の量産命令を出した。しかし戦争の終結を間近にひかえた時点で生産は中止され、本機は結局六六機の生産で終わることになった。アメリカ海軍開発の混合動力機は成功したが、中途半端な終わり方であったのだ。

ライアン社はじつはＸＦＲ－１の開発を進めている段階でより高性能の混合動力式艦上戦闘機の開発を進めていたのであった。その機体は量産中のＦＲの機体を改造することで行な

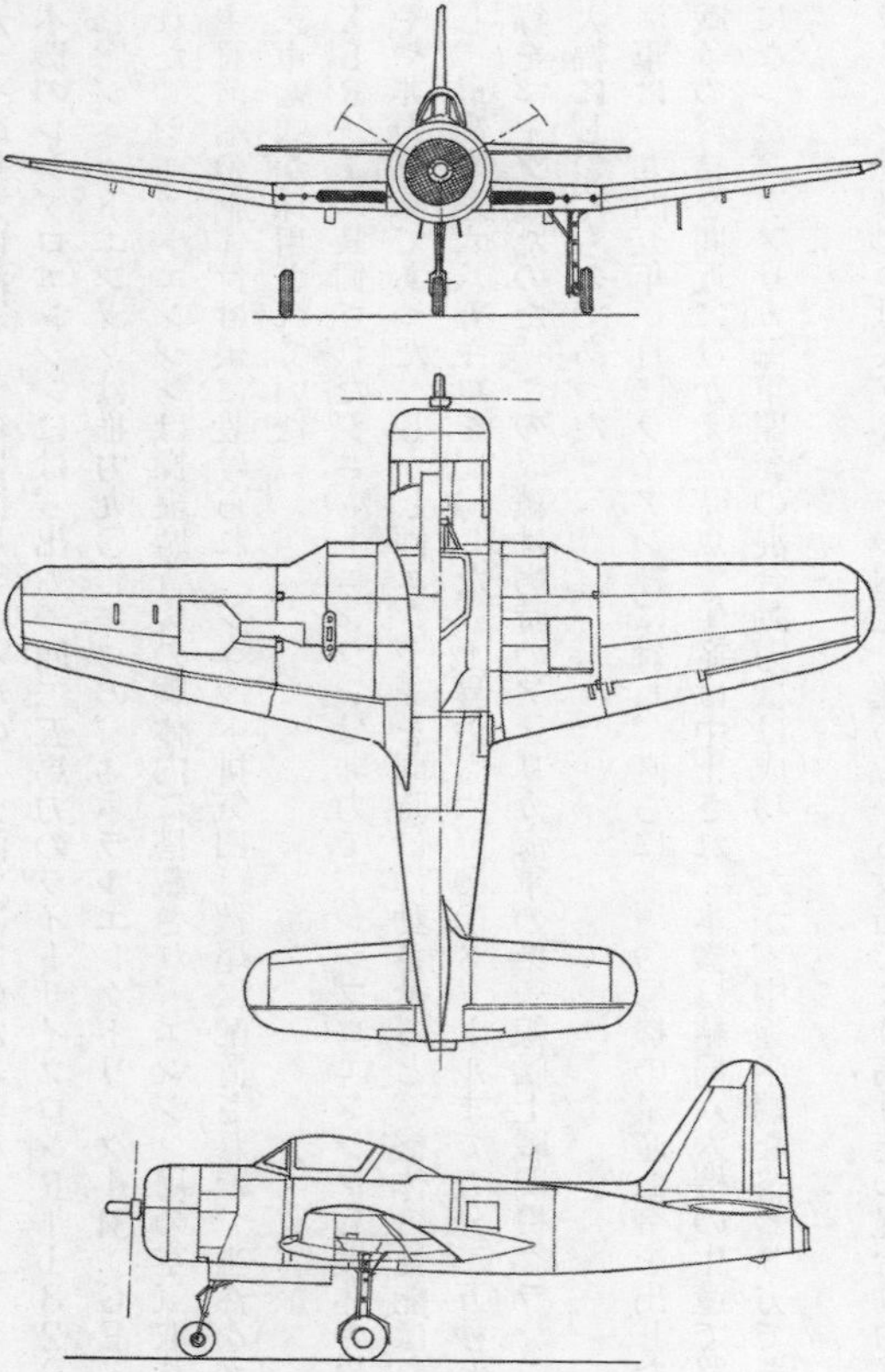

ライアンFR試作艦上戦闘機

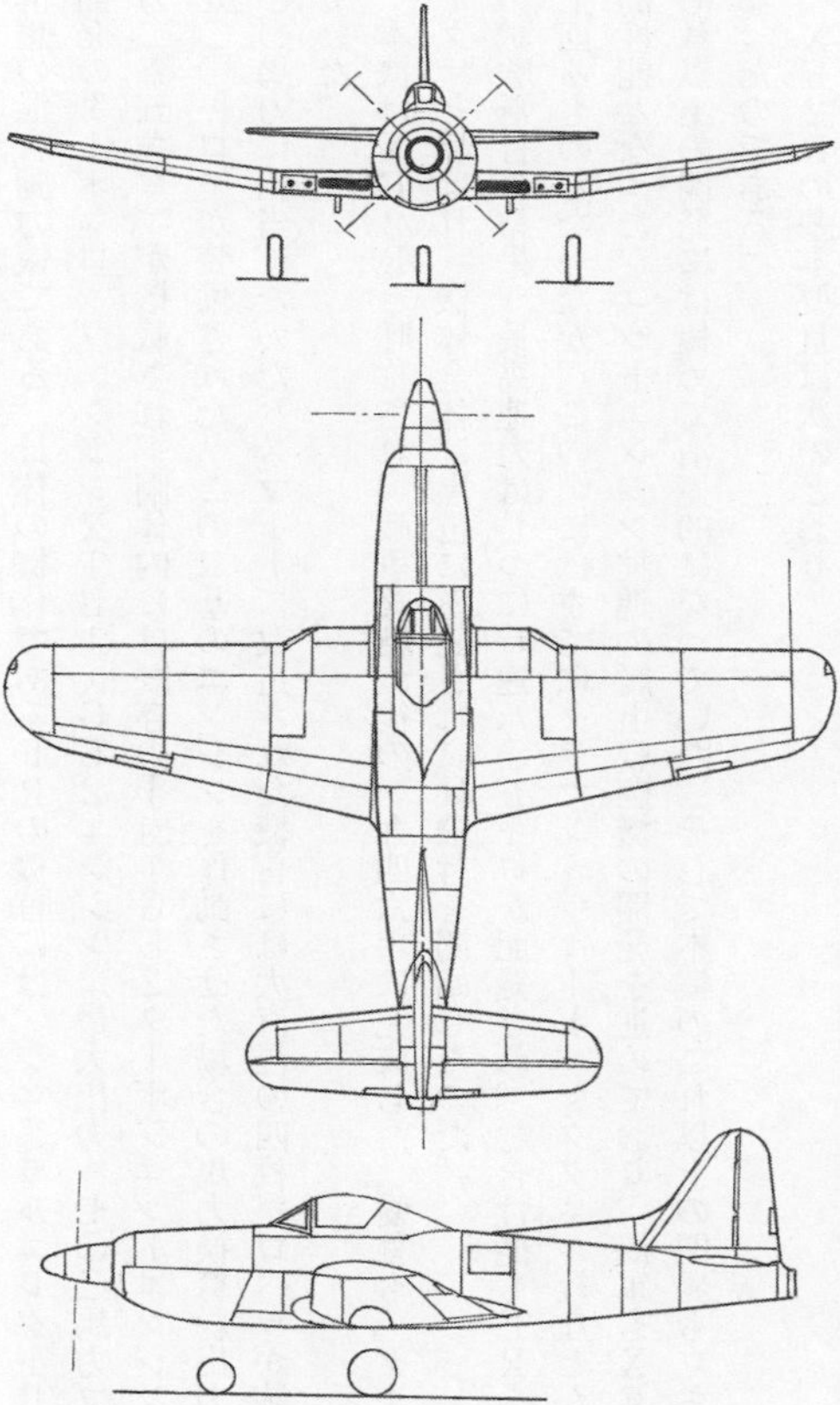

ライアン XF2R試作艦上戦闘機

われた。

この機体は新開発のターボプロップエンジンとターボジェットエンジンを搭載した新しい構想の混合動力機である。母体の機体であるFRの機首には、ジェネラルエレクトリック社開発のターボプロップエンジンXTB1－GE2エンジン（最大出力一七〇〇馬力プラス推力二五五キロ）が搭載され、胴体内には既存のJ31－GE2ターボジェットエンジン（推力九〇〇キロ）が装備された。この二基のエンジンを作動させた場合の馬力換算総出力は四八〇〇馬力に相当したのだ。スマートに改造された機首には大直径の四枚プロペラが装備されていた。

本機はXF2Rと呼称され、戦争終結直後の一九四六年に完成した。愛称も「ダークシャーク」と呼ばれ、機体全体は黒色に塗装され試験飛行を開始したのだ。

試験飛行の結果、最高速力はじつに時速八〇五キロが記録され、総合性能もFRを大幅に上回るものとなったが、この頃にはすでにグラマン、ヴォート、マクダネル社などが、より高性能となったジェットエンジン推進の艦上戦闘機の開発を進めており、海軍もXF2Rのそれ以上の開発には極めて消極的になっていた。そして本機のこれ以上の開発も立ち消えとなったのである。

XF2Rの基本要目は次のとおり。

全幅　一〇・九七メートル

全長　一二・八〇メートル
自重　三九〇〇キロ
エンジン　ターボプロップエンジン：ジェネラルエレクトリックXTB1－GE2
最大出力一七〇〇馬力プラス推力二五五キロ
ターボジェットエンジン：ジェネラルエレクトリックJ31－GE2
推力九〇〇キロ
最高時速　八〇五キロ
上昇力　三分四三秒／五〇〇〇メートル
航続力　一七〇〇キロ
上昇限度　一万一八〇〇メートル
武装　一二・七ミリ機関銃四梃（計画）

④カーチスXF15C試作艦上戦闘機

アメリカ海軍は第二次世界大戦の末期に、ライアンFRとXF2R以外にもう一機種の混合動力の艦上戦闘機を開発した。アメリカ海軍は当初はジェットエンジン付きの艦上機の採用に関して消極的であった。その理由は初期のジェットエンジンは燃費が極端に悪く、またエンジン加速のためのスロットルの操作に対し、エンジン出力の反応に大きな遅れが発生するという欠点があったためであった。着艦に際し慎重で微妙なエンジン操作が必要な艦上機にとっては、このレスポンスの遅れが致命的な事態につながりかねず、必然的にジェットエンジン付き艦載機の採用には消極的にならざるを得なかったのだ。

しかし当初のジェットエンジンには付きものであったこのレスポンスの遅れも急速に改良が進み、海軍でもジェットエンジン搭載の艦載機に対する認識も変化していった。

それでも当時のジェットエンジンの燃費の悪さは簡単に解決できる問題ではなかったために、海軍は進化したジェットエンジンが現われるまでは、混合動力式の艦上機の開発を進める計画であったのだ。とくにそれは艦上戦闘機に対し採用されるべき方法で、巡航時には燃費の少ないレシプロエンジンを使い、空戦が展開される場合には高い機動力が発揮できるように、ジェットエンジンを同時に作動させる方法である。

アメリカ海軍はカーチス社に対しても混合動力式の艦上戦闘機の開発を要請した。ただしカーチス社への要求は正規空母で運用する正規の艦上戦闘機であった。そのために護衛空母専用に運用されるライアンFRやXF2Rに求めたコンパクトな機体には固守せず、多少の機体の大型化は容認されたのだ。

カーチス社は新艦上戦闘機の設計に際し、レシプロエンジンには出力二一〇〇馬力のプラット&ホイットニR－2800－34Wという空冷エンジンを選定し、ジェットエンジンにはすでにイギリスのデ・ハビランド「バンパイア」戦闘機の動力として使われている、デ・ハビランドH1－Bゴブリン・ターボジェットエンジン（推力一二二五キロ）を採用したのだ。このエンジンはすでにアメリカで技術導入され、アメリカを代表する機械製造メーカーのアリス・チャーマーズ社がライセンス生産の準備を始めていた。

機体の呼称はXF15Cと定められ、試作機は一九四四年十一月に完成した。

XF15Cの外観には多くの特徴が見られた。ジェットエンジンは操縦席の直後に配置され、ジェットエンジンのための空気取り入れ口は主翼付け根に開き、ジェット排気口は「バンパイア」戦闘機と同じくエンジンの直後に設けられていた。つまり機首のレシプロエンジン、操縦席、ジェットエンジンが一体となり太く短い胴体を構成し、その上部から水平尾翼と垂直尾翼の付いた細い胴体が、ブーム状に後方に伸びているスタイルとなっていた。なお水平尾翼は当初は通常の配置となっていたが、のちに垂直尾翼の上端にT字形に設置された。降着装置は当然三車輪式で主翼は折り畳み式であった。

試作機は一九四五年二月に初飛行したが、その後の試験飛行中にジェットエンジンの不調から墜落し失われた。カーチス社は続いて試作二号機と三号機を製作し試験を続行した。

しかし時はすでに一九四六年十一月に入っており、この頃にはジェットエンジンも初期の様々な問題を克服してより実用的なエンジンへと進化していた。このために海軍もすでに純ジェットエンジン推進の艦上戦闘機の開発に積極的な姿勢を示しており、もはや混合動力式への興味は失われていた。そして一九四七年一月にXF15Cのそれ以上の試験は中止されたのだ。

一連の試験飛行に際し、試作一号機は最高時速七五五キロを記録したにとどまったが、試作二号機は最高時速八〇〇キロ越えを記録している。

XF15の開発中止、さらに同時進行で行なわれていた空軍の試作戦闘機XF87の不採用によって、経営的に苦しかった戦闘機メーカーの名門カーチス社はその歴史を終えることになった。

本機の基本要目は次のとおり。

全幅　一四・六六メートル

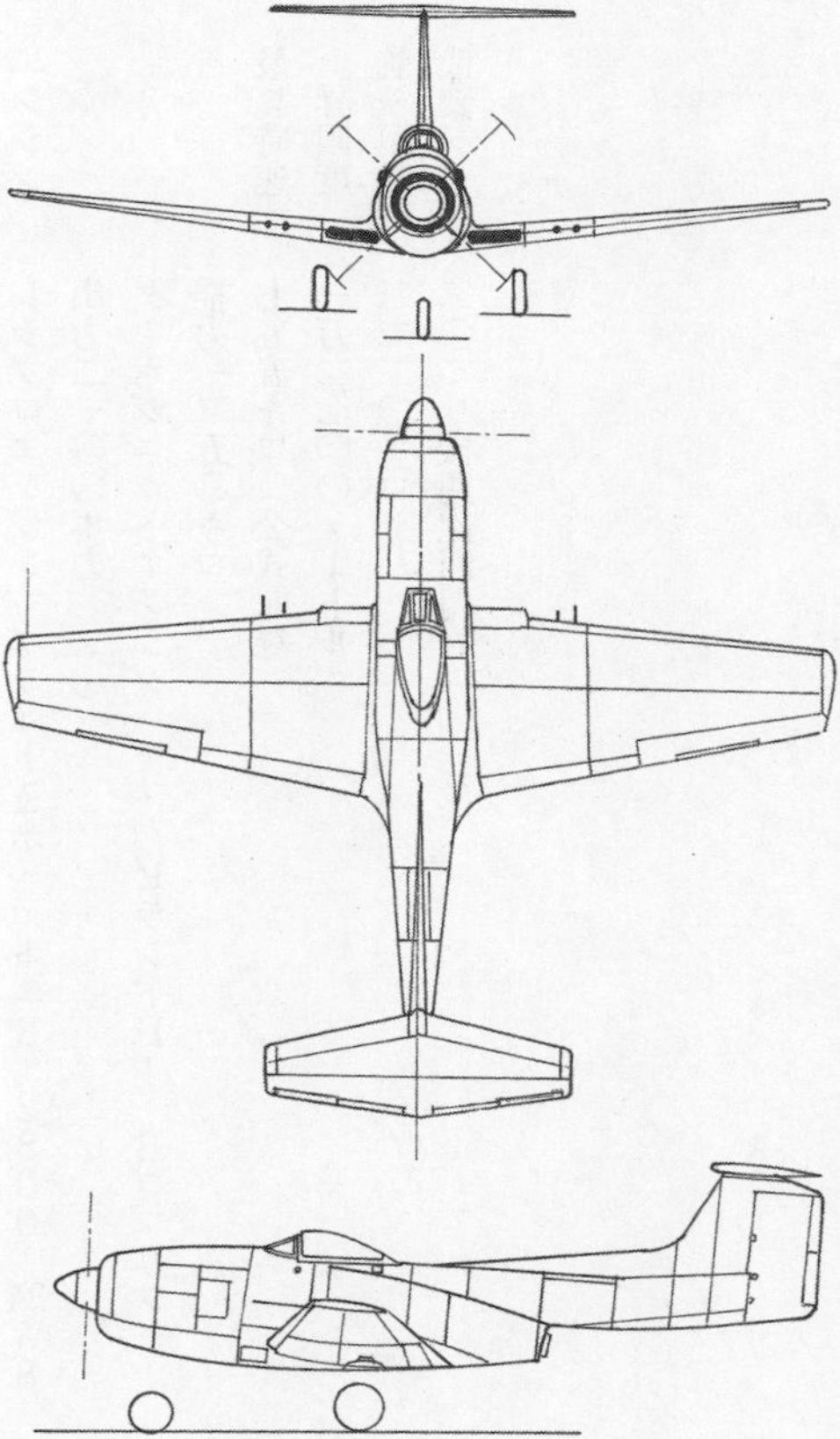

カーチス XF15C 試作艦上戦闘機

全長　一三・四二メートル
自重　五七二〇キロ
エンジン　レシプロエンジン：プラット&ホイットニR－2800－34W8
　出力二一〇〇馬力
　ターボジェットエンジン：デ・ハビランドH1－Bゴブリン
　推力一二五〇キロ
最高時速　七五五キロ（公式記録）
上昇限度　一万二七〇〇メートル
航続距離　二三二〇キロ
武装　二〇ミリ機関砲四門

⑤ベルXP83試作長距離戦闘機

アメリカ最初のジェットエンジン推進の航空機は、ベルP59戦闘機である。第二次世界大戦勃発直後、イギリスはこの戦争の今後の推移に関し、アメリカの軍事援助は絶対に必要であると認識していた。アメリカもまた、イギリスの敗北を黙って見ているわけにはいかなかった。そのために両国間では軍事技術の検討交換会の定期的な開催を始めた。

一九四一年に行なわれた連絡会において、イギリスはすでに実用化しているレーダー技術や、同じくイギリスが開発したホイットル式ジェットエンジンの技術をアメリカに送り込んだ。アメリカ陸海軍はジェネラルエレクトリック社の協力を得て、このジェットエンジンの複製を試作し、さらに改良されたアメリカ式ジェットエンジンの試作をひろく展開していったのだ。

そしてアメリカ陸軍航空隊（一九四二年からはアメリカ陸軍航空軍と呼ばれ、アメリカ空軍として独立したのは大戦後の一九四七年）は、本エンジンを使った戦闘機の開発をベル航空機製造会社に命じた。

同社は早くも一九四二年九月に試作機を完成させ飛行試験を開始したのである。Ｐ59はジェネラルエレクトリック社製のジェットエンジン（推力九〇〇キロ）を二基搭載した戦闘機として誕生したが、ジェットエンジンの出力自体が弱いものであったために、その性能は当時のアメリカ陸軍航空隊のレシプロ戦闘機並みであった。

ただここで問題となったのは、当時のジェットエンジンの燃費の悪さで、長距離作戦飛行を展開するには当時のレシプロ戦闘機より格段に多量の燃料を搭載しなければならないことであった。つまりジェットエンジン推進の長距離戦闘機（爆撃機援護用など）の開発には多くの困難が立ちはだかることになったのである。

そこで陸軍航空隊はベル社に対し、長距離飛行が可能なジェットエンジン推進の戦闘機の開発をさらに命じたのである。

ベル社はこの要求に対し、Ｐ59戦闘機を母体としたエンジン強化型で燃料搭載量を増した試作機ＸＰ83に取り組んだのであった。外観はＰ59に似た姿ながら、より高速機としてリファインされた機体となり、エンジンは二倍に強化されたジェネラルエレクトリックＪ33－ＧＥ５ターボジェットエンジン（推力一八二〇キロ）が搭載された。

本機の太めの胴体は燃料タンクで占められ、その容量は四三六〇リットルとなり、さらに両主翼下面にはそれぞれ一一〇〇リットル入りの増加燃料タンクの搭載を可能にした。これにより本機の最大航続距離は三三〇〇キロが確保できることになった。

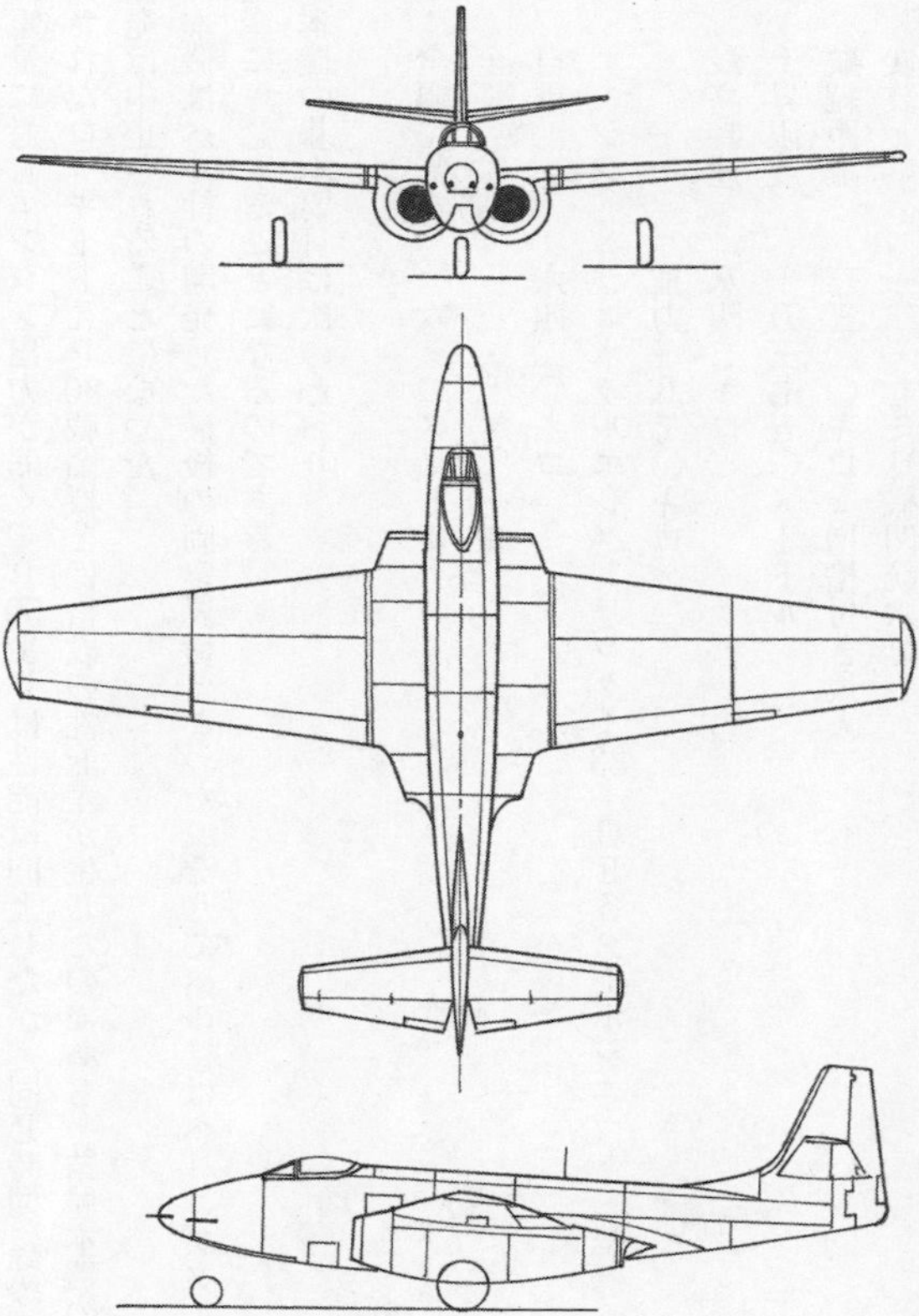

ベル XP83 試作長距離戦闘機

XP83は早くも一九四五年一月に完成し、試験飛行が開始された。飛行には成功したが機体重量に対しエンジン出力が弱く、P59よりは性能は向上したが、同じ時期に試験飛行が開始されたロッキードXP80戦闘機とは格段の性能差が生じたのである。結局本機のその後の開発は中止されることになった。

本機はベル社の開発した最後の固定翼機となった。そしてベル社はヘリコプターの開発・生産に専念することになるのである。

本機の基本要目は次のとおり。

全幅　一六・二メートル
全長　一三・七メートル
自重　六四二〇キロ
エンジン　ジェネラルエレクトリックJ33－GE5ターボジェット二基
　推力一八二〇キロ×二
最高時速　八四二キロ
上昇限度　一万三七五〇メートル
航続距離　三三〇〇キロ（増槽付き最大）
武装　一二・七ミリ機関銃六梃

⑥マクダネルXP85試作戦闘機

本機は第二次世界大戦直後から開発が急速に進んだ多くのアメリカのジェット戦闘機の中でも、異質で珍奇な戦闘機の筆頭に挙げられる機体であろう。しかしこの特異な戦闘機の発想のもとになったのは、やはり初期のジェットエンジンの燃費の悪さ、長距離戦闘機（爆撃機援護戦闘機）の開発の難しさにあったのである。これに対しアメリカ陸軍航空軍は奇抜なアイディアでこの問題を解消しようとしたのである。

一九四七年にアメリカ陸軍航空軍（USAAF）は、新たな組織であるアメリカ空軍（USAF）として独立した。このときすでにアメリカ空軍は、戦力強化策として戦略空軍の充実化を進めていた。このなかには、早くも制式化されつつあったレシプロ六発の超重爆撃機コンベアB36や、最新型の戦略ジェット爆撃機ボーイングB47の配備が組み入れられていたのであった。

しかしこれら爆撃機が戦力発揮にとっての最大の問題点は、長距離援護用ジェット戦闘機の不在であった。すでに長距離レシプロ援護戦闘機としてはその発達の限界にあった、ノースアメリカンP51H「マスタング」やリパブリックP47N「サンダーボルト」戦闘機は存在したが、ジェットエンジン推進の援護戦闘機の開発に時間を要していた。

アメリカ空軍はこの課題を解決するために、ジェットエンジン推進の長距離援護戦闘機の開発を航空機メーカーに対し要請したのである。その結果マクダネル社から二案、ロッキード社から一案、ノースアメリカン社から一案が提示されたのだ。このときマクダネル社から出されたなかの一案がXP85戦闘機であった。

このとき提示されたマクダネル社の別の一案、そしてロッキード社、ノースアメリカン社の各案は、いずれも機体に大容量の燃料タンクを装備する方法で問題を解決しようとする常識的な案であるが、もう一つのマクダネル社の案はまったく異なる発想にもとづく戦闘機であった。

この案は超小型の特殊なジェット戦闘機を開発することである。この小型戦闘機は、例えばB36爆撃機の胴体下に懸吊され、敵地上空で敵戦闘機の迎撃が開始されたとき、この戦闘機を開放して空中戦を展開、戦闘終了後は再び母機の胴体下に吊るされて帰還する、という用途のために作られたのである。

しかしこの発想の戦闘機にはいくつかの問題があった。その一つは、爆撃機の爆弾倉に懸吊することが基本となるために、いかに小型にすることができるか、ということである。また超小型が予想される機体にどのようにジェットエンジンと操縦士を収容するか、という難

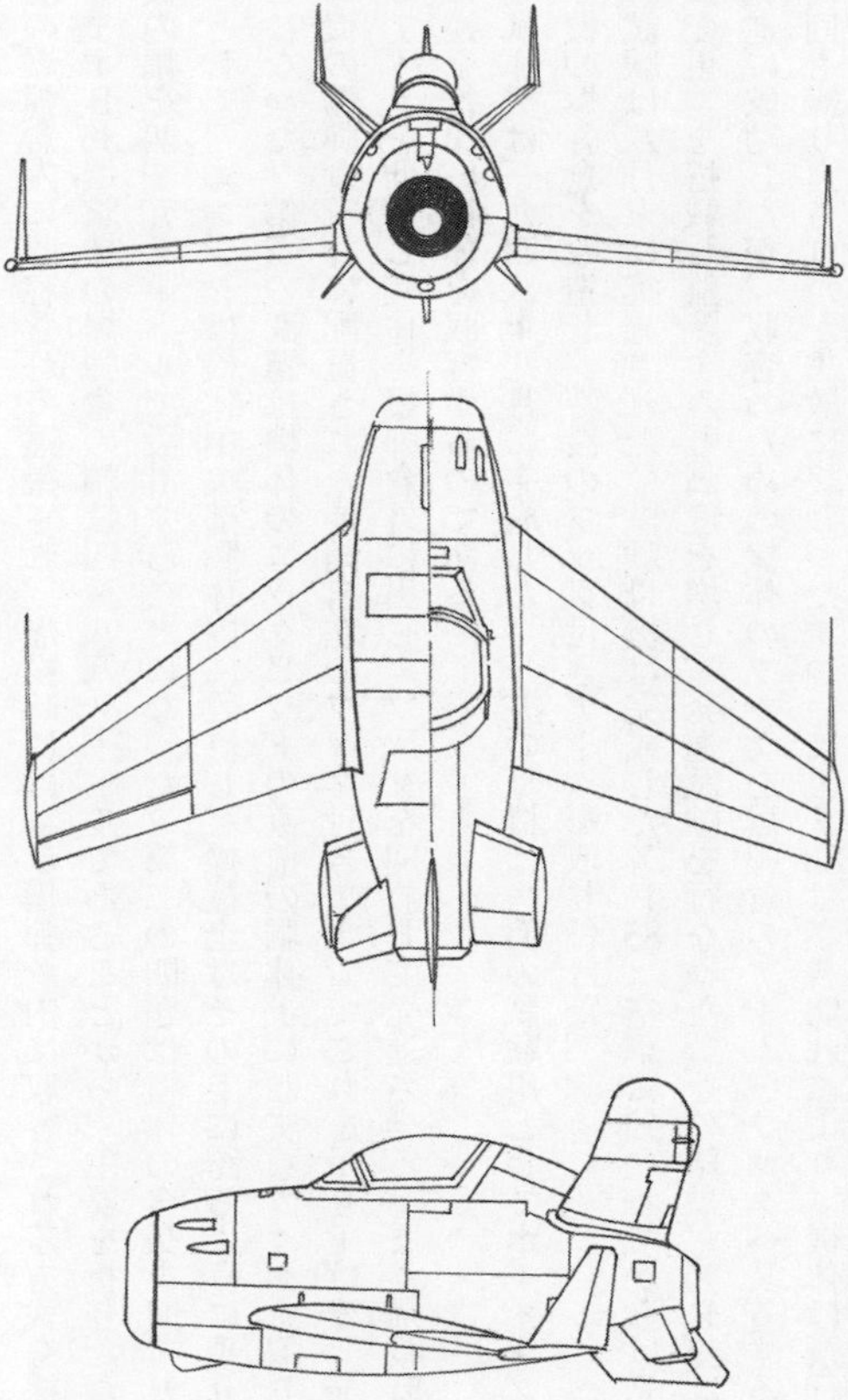

マクダネル XP85 試作戦闘機

題がある。そしてさらには発進と帰還時の方法である。

このときマクダネル社は搭載対象爆撃機をコンベアB36に限定した。そのために本機はB36の爆弾倉内に収容されて運搬され、帰投時には再び爆弾倉内に収容される方式を採用した。

まずB36爆撃機の爆弾倉の幅は四・八八メートルであることから、主翼を折りたたんだ同機の幅を四・五メートルで設計することになった。第二の問題は機体の全長を四・五メートルとして、エンジンは機体中央部胴体内に設置し、操縦士はその上に跨るように乗り込むことになった。第三の問題は機体のコックピットの直前の胴体上に頑丈なフックを取りつけ、母機の爆弾倉天井に配置された伸縮自在のフック付きアームでこれを吊り下げる。発進時にはアームを伸ばし機体を爆弾倉外に出し、フックを開放して発進させる。また帰投時にはその逆を行ない機体を収容するのである。

試作機は一九四八年八月に完成した。一方の母機は当面の試験用としてボーイングB29爆撃機の爆弾倉を改造し、特設のフック付きアームを取り付けた。

試験は八月末に実施された。試験母機は完成したXF85（空軍に独立してからはPからFに変更）を搭載し離陸すると高度を増し、発進試験を行なった。その結果、XF85は見事に発進に成功したが、収容のための機体のフックを爆弾倉のアーム・フックへ装着する操作は、何回も繰り返されたが失敗に終わった。ついにXF85は燃料切れにより、機体は飛行場に胴体着陸せざるを得なかったのである（本機には車輪の装備はない）。

本機の飛行試験はこのとき発進・収容試験と同時にぶっつけ本番で行なわれたのである。

しかしその飛行特性は、直進性、旋回性、安定性、いずれも好ましいものではなく、とくに母機への帰還時の収容方法には多くの課題を残すものとなり、実用性に欠けるものとして本機のそれ以上の開発は中止されることになった。

XF85の胴体長は日本の一般的な乗用車並みの長さで、全幅六・四メートルの主翼には三五度の後退角がついていた。また尾翼はX字形で構成され、直進性能を向上させるために主翼端には垂直安定板が取りつけられていた。まさにビヤ樽のような胴体の戦闘機であったのだ。本機の試作機は二機作られ、現在その一機がアメリカ戦略空軍博物館に展示されている。

本機の主な要目は次のとおり。

全幅　六・四メートル
全長　四・五メートル
自重　一六九六キロ
エンジン　ウエスチングハウスXJ34－WE22ターボジェット
　推力一三〇〇キロ
最高時速　一〇九六キロ（計画）
上昇限度　一万五〇〇〇メートル
航続時間　三〇分
武装　一二・七ミリ機関銃四梃

⑦カーチスＸＰ87試作夜間戦闘機

アメリカ航空軍は一九四五年に、ジェットエンジン推進の夜間戦闘機兼全天候型戦闘機の開発を主だった航空機メーカーに要請した。この要請にこたえたのがカーチス社、ノースロップ社であった。カーチス社はＸＰ87、ノースロップ社はＸＰ89の呼称で試作作業に入った。

この頃は陸軍航空軍として組織されており、戦闘機の記号はまだ「Ｐ」記号であった。陸軍航空軍が一九四七年にアメリカ空軍として独立すると、戦闘機の呼称は「Ｆ」に変更された。したがってＰ87はＦ87に、Ｐ89はＦ89に呼称が改められた。

カーチス社は一九四五年当時、四発のジェットエンジン推進の攻撃機ＸＡ43の開発を進めていた。カーチス社は全天候・夜間戦闘機の機体にこの計画中のＸＡ43を応用することを考えた。この機体は全幅一八メートル、全長一九メートルという大型機で、第二次世界大戦末期に就役していた大型双発夜間戦闘機ノースロップＰ61とほぼ同規模の大きさであった。

カーチス社はこの新規開発の夜間戦闘機の動力に、ウエスチングハウスＸＪ34－ＷＥ７タ

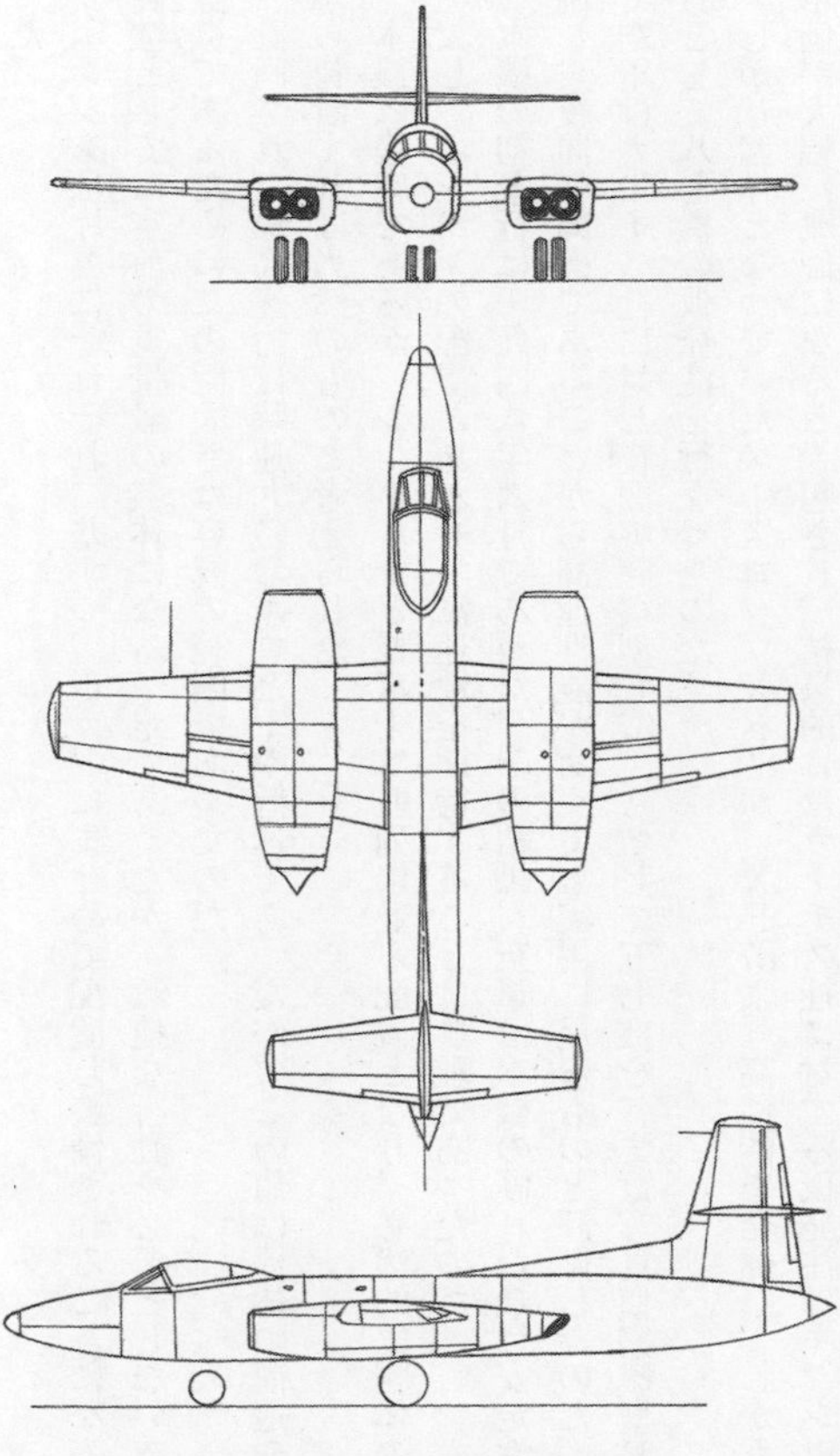

カーチス XP87 試作夜間戦闘機

ーボジェットエンジン（推力一三〇〇キロ）を装備する予定であった。そして本機にはこのエンジンを四基搭載する、四発夜間戦闘機という異例の多発戦闘機の開発を進めることになった。

エンジンは片翼にそれぞれ二基ずつ、ポッドにまとめて配置し装備されることになる。戦闘機としては空前の重量級の機体になる予定であったが、敏捷な行動を必要としない夜間戦闘機であるためにこの巨大さは容認の範囲であったのだ。

計画された最高速力は時速九〇〇キロとやや低速であったが、この値は機体の構造や外観から判断すれば当然のものと考えられた。

本機は複座であるが、レーダー士と操縦士は並列に並ぶ配置となり、必然的に胴体の幅は拡大し、エンジンの配置とあわせて高速性を期待することは無理であったのだ。

本機の初飛行は一九四八年六月であった。その結果、空軍は本機の優れた飛行安定性を評価し、夜間戦闘機であることから高速性能が劣っても実用に足るものと評価したのだ。そして空軍はカーチス社に対し夜間戦闘機型F87－Aとして五七機を、また写真偵察機型F87－Bとして八七機の仮発注を行なったのだ。

しかし競作となっていたノースロップXF89が、XF87より高性能を発揮し、しかも製造単価が大幅に廉価になると予想され、結果的にはカーチス社に対する仮発注はキャンセルされたのであった。このためにカーチス社は当時の価格で約一五〇億円の収益が消滅することになり、これが名門戦闘機メーカー、カーチス社の倒産につながることになったのである。

本機の基本要目は次のとおりである。

全幅　一八・三メートル
全長　一八・九メートル
自重　一万一七六〇キロ
エンジン　ウエスチングハウスXJ34－WE7ターボジェット四基
推力一三六〇キロ×四
最高時速　九六六キロ
上昇限度　一万六七〇〇メートル
航続距離　一六〇〇キロ
武装　二〇ミリ機関砲四門

⑧ロッキードXF90試作長距離戦闘機

戦後しばらくの間、連合国総司令部（GHQ）の命令により発行が禁止されていた日本の航空機関係書籍の出版が、一九五十一年（昭和二十六年）から許可された。それまでアメリカの科学雑誌の日本語版に掲載されていた、当時最新鋭のアメリカの航空機写真しか知らなかった日本の航空ファンにとって、新しく出版された日本の航空雑誌のグラビアページに掲載された、最新のアメリカの航空機の写真はあまりにも魅惑的であった。

そこには新鋭のジェット軍用機の数々も掲載されていたが、その中でひときわ航空ファンの目をくぎ付けにした一機のジェット戦闘機があった。それがロッキードXF90戦闘機であった。

針のように細く尖った機首、両翼端に流線型の増加燃料タンクを取り付けた後退角の主翼、流れるようなスタイルの尾翼、機首近くの胴体両側に大きく開いた空気取り入れ口などなど。

この人を魅了する素晴らしい姿のジェット戦闘機は、近い将来必ず制式化され我々の目にもふれるのであろう、と多くの日本の航空ファンに期待を与えていた。しかしそれから後、本機に関する新しい情報は途絶えたのであった。そして写真の掲載もなくなった。航空ファンの失望は大きかった。

一九四〇年代の後半、アメリカ空軍はボーイングB47ジェット戦略爆撃機や、コンベアB36レシプロ六発戦略爆撃機の実戦配備を開始した。アメリカ空軍は第二次世界大戦中にノースアメリカンP51DやリパブリックP47Nといった優秀な長距離戦闘機を、爆撃機の護衛戦闘機として活用しただけに、当然ながら長距離ジェット戦闘機への要求は高かった。

ジェットエンジンの時代に入りアメリカ空軍はジェットエンジン装備の護衛用長距離戦闘機の開発を進めたが、当時のジェットエンジンは燃費が極端に悪く、長距離戦闘機を開発することは至難であった。このためにジェットエンジン推進の長距離戦闘機には、大量の燃料を搭載させる工夫が最重要の課題となったのである。

一九四六年にアメリカ航空軍（空軍への独立以前）は、マクダネル社とロッキード社に対し行動半径一四〇〇キロ以上の航続力を持つ、爆撃機援護用の長距離護衛戦闘機の開発を命じたのだ。これに対しマクダネル社はXF88で、ロッキード社はXF90で応えた。

XF90は二基のジェットエンジンを胴体内に並列に搭載し、三五度の後退角主翼を低翼に配置し、機尾には補助燃焼装置であるアフターバーナーが装備された。

XF90の試作一号機は一九四九年六月に完成し、初飛行に成功した。機体の外観は時代を先取りしたような前述のとおりの先鋭的なスタイルをしており、航空ファンならずとも多くの航空関係者をして本機の実用化が間近と予想していた。

ロッキード社が本機の設計に際して掲げた第一の目標は、この時代のジェット戦闘機としては驚異的な、正規航続距離三七〇〇キロ、時速一二三〇キロという数字であった。

機体はロッキード社が新しく開発した超音速風洞で得られたデータを基に設計された。針のように尖った機首、美しく開口した胴体両側面の空気取り入れ口、主翼と胴体の底面を同一ラインで一体化した仕上げ、主翼の両端に翼端抵抗低減のために意識的に取り付けられた増加燃料タンクなど、多くの話題を提供した。

エンジンには最大推力一六三〇キロのウエスチングハウスXJ34－WE11ターボジェットエンジンが採用されたが、本エンジンはアフターバーナーを作動させることにより、最大推力一九〇〇キロ（二基の合計出力三八〇〇キロ）が得られた。そして胴体の断面は胴体内にエンジン二基を並列に搭載したために横長楕円形となっていた。

試験飛行は繰り返されたが、大方の期待に反するものとなった。その最大の問題は装備されたエンジンが期待どおりの出力を発揮できないことにあった。本機の機体重量（自重）は八四〇〇キロという重量級の機体であり、その能力を引き出すためにはエンジンが予定出力を発揮することが第一の条件であったのだ。しかし搭載されたエンジンの出力は計画値の八七パーセントしか発揮できなかったのである。

その結果、最大速力は予定を大幅に下回る時速一〇七五キロを出すのが精いっぱいであった。この出力の低下は本機に期待された上昇力をも大幅に低減させることになった。

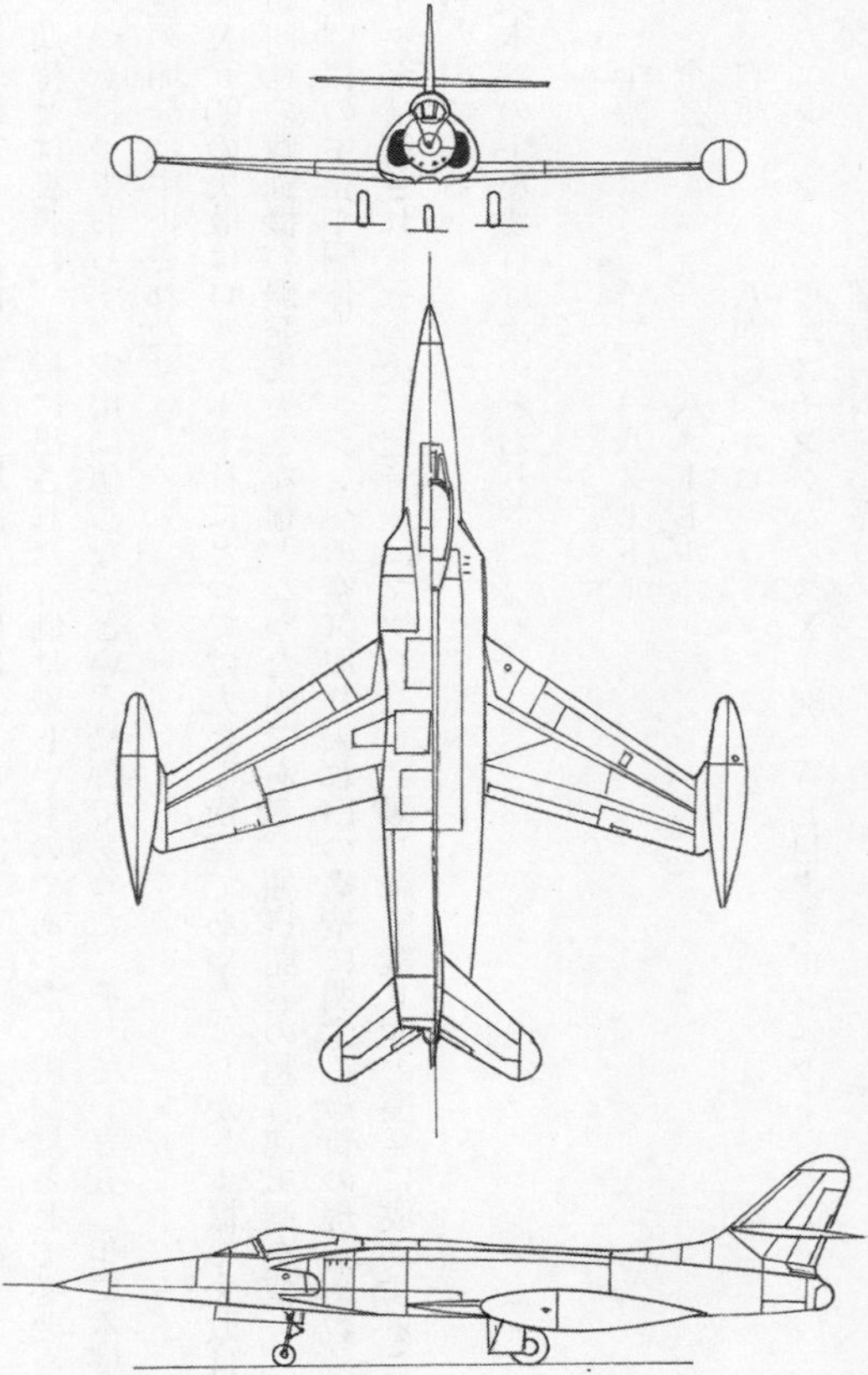

ロッキードXF90試作長距離戦闘機

さらに予想外のことであったが、本機の補助翼や昇降舵の利きがいずれの速度域においても極端に重く、軽快な空戦を展開するには大きな支障となることが判明したのであった。期待とは裏腹に、本機に出された評価は厳しいものであった。戦闘機として必要な性能は一つも持っておらず、実用に値しないという酷評であった。そして一九五〇年に本機のその後の開発は中止された。

XF90の失敗はロッキード社にとっては大きな衝撃であった。しかし本機の失敗はその後の同社の戦闘機の開発に大きな糧となったのである。独自開発の超音速風洞を使い、超音速戦闘機の主翼や胴体、エンジンへの空気取り入れ口の構造に関する最新の理論や数多くのデータが構築され、その後、超音速（マッハ二・〇級）戦闘機F104の開発に成功することになったのである。

本機の主な要目は次のとおり。

全幅　一二・一八メートル
全長　一六・八メートル
自重　八四〇〇キロ
エンジン　ウエスチングハウスXJ34-WE11ターボジェット二基
　推力一六三〇キロ×二
最高時速　一〇七五キロ

上昇限度　一万一九〇〇メートル
航続距離　三〇五〇キロ
武装　二〇ミリ機関砲四門

⑨リパブリックXF91試作迎撃戦闘機

第二次世界大戦後、アメリカ空軍はロケット燃料を補助燃料とした、混合動力式ジェット戦闘機の開発をリパブリック社に要請した。

これは空戦時にロケットエンジンを作動させ、有利な戦闘を展開しようとする考えから提案されたものであった。リパブリック社はこの提案に対し、自社開発の既存の実用ジェット戦闘機F84「サンダージェット」の胴体を母体にし、機尾にロケットエンジンを取り付けた戦闘機で応じたのであった。ロケットエンジンは機尾のジェット噴出口の上下に、それぞれ液体燃料で作動するロケットエンジンを装備する予定であった。

この機体にはロケットエンジン以外に独特な装備が採用されていたのである。それは「逆テーパー主翼」の装備であった。この主翼は、常識的な形状の後退角主翼を「左右反対」に配置したような格好の主翼で、主翼の先端から胴体に向かってテーパーがついている主翼である。このために主翼の翼厚は翼端が最大となり、胴体の付け根で最も薄くなるという独特

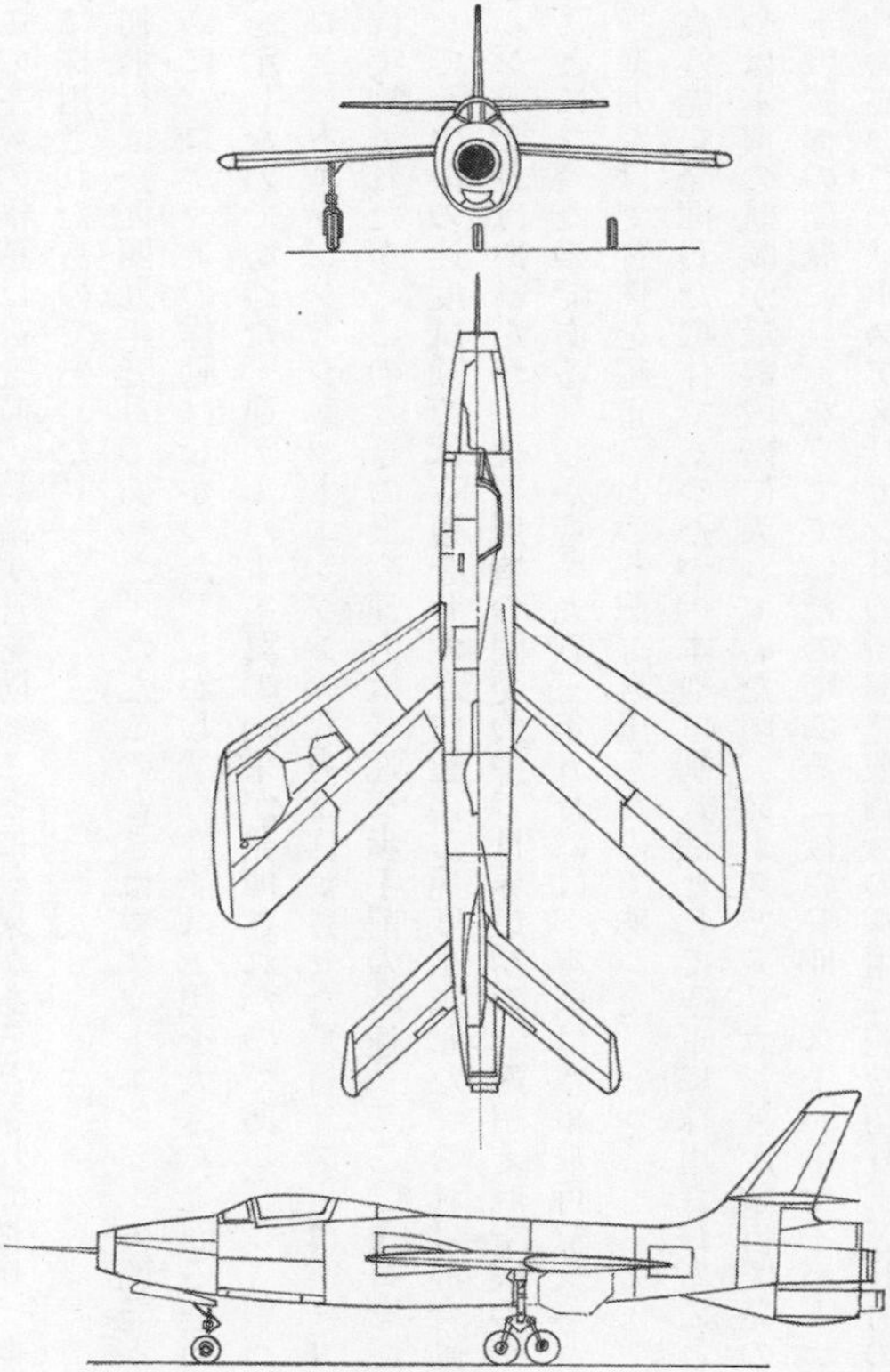

リパブリック XF91試作迎撃戦闘機

な構造の主翼になるのである。

この主翼の構造は高速時の翼端失速を防ぐことに効果があるとされており、本機で世界最初に採用されたものであった。

初飛行は一九四九年五月であった。ただこのときはロケットエンジンの開発が遅れていたために、ロケットの作動はなかった。しかし飛行性能は予想を大きく上回る極めて優れた性能を示したのであった。逆テーパー主翼の効果が発揮されたのである。

ロケットエンジンとジェットエンジンの双方を作動させた飛行テストは、一九五二年十二月に実施されたが、このときの最高速力は音速一歩手前の時速一二〇〇キロを記録したのだ。そしてその後の速度試験では音速をわずかに超える速度を出した。これは混合動力というアドバンテージはあったが、純軍用機の開発の中で世界最初の音速超え航空機のタイトルを得たことになったのである。しかも一九五三年五月には、本機は水平飛行でジェットエンジンの推進力だけで音速を超えるという記録も出したのであった。

高性能を発揮した機体であったが、本機は制式機として空軍に採用されることはなかった。じつは本機の試験が最終段階に入っていた頃、ノースアメリカン社が独自開発の超音速ジェット戦闘機の開発に目途を立てていたのである（後のＦ100「スーパーセイバー」）。空軍は将来性の高いこのノースアメリカン社の新開発戦闘機の採用に舵を切り、ＸＦ91の採用は見送られることになったのであった。

本機の主な要目は次のとおり

全幅　九・五四メートル
全長　一四・二二メートル
自重　六四〇〇キロ
エンジン　ターボジェットエンジン：ジェネラルエレクトリックJ47－GE3
推力二三六〇キロ
ロケットエンジン：リアクションモーターズXLR－11－RM9四基
推力九〇〇キロ×四
最高時速　一二〇〇キロ
武装　二〇ミリ機関砲四門

⑩コンベアXF92試作迎撃戦闘機

本機は完全デルタ主翼を持った軍用機として初めて飛行に成功した機体である。第二次世界大戦直後のアメリカはドイツから先進的な航空機に関する大量の資料を入手した。その中でも後退角主翼とデルタ主翼の理論は、その後のアメリカの軍用機の発展に格段の進歩をあたえたものとして有名である。

アメリカ陸軍航空軍はドイツよりデルタ翼に関する各種資料を入手すると同時に、デルタ翼の考案者でもあるアレキサンダー・リピッシュ博士を招請し、アメリカにおけるデルタ翼航空機の研究を開始したのだ。

当時のアメリカ航空軍は、ジェットエンジン搭載のデルタ翼戦闘機の開発を第一ステップとして、研究をスタートさせたのであった。このときデルタ翼航空機の研究・開発メーカーにはコンベア社が指定された。なおコンベア社は、一九四三年にコンソリデーテッド社がバルティー社を吸収合併してできた航空機製造メーカーである。

ここでコンベア社が目標としたデルタ翼機は、高度一万七〇〇〇メートルで時速一五〇〇キロが出せる機体であった。

アメリカ航空諮問委員会（ＮＡＣＡ）の大風洞で各種の実物大模型の試験が実施された。その結果一つの機体モデルが考案され、早速実験機の試作が開始された。実験機は円形断面の胴体に、六〇度のデルタ後退角主翼を中翼式に配置した機体であった。そして垂直尾翼もデルタ形状であった。

エンジンには推力二〇九〇キロのアリソンＪ33－Ａ－29ターボジェットエンジンが搭載された。また機尾には推力一六四〇キロのアフターバーナーが装備された。

デルタ翼は揚力係数が小さく、離着陸時や低速時には揚力を得るために大きな迎角を主翼に与えなければならないという弱点はあるが、空気抵抗が少なく通常飛行時には失速しにくいという特性があり、安定性と運動性に優れた超音速戦闘機には理想的な主翼であったのだ。なおデルタ翼には補助翼と昇降舵の動きを兼ねた、翼幅の全長に渡るエレボンという一種の補助翼が必要であった。

試作機はＸＦ92として一機だけが試作され、一九四七年十二月に完成した。そして各種地上試験の後の翌年九月に初飛行が実施された。

この一連の試験飛行の中でＸＦ92は水平飛行では音速に達することはできなかったが、軽い急降下で音速を超える記録を出した。そして各種試験飛行の結果、本機は基本的にエンジン出力が不足気味であることが判明し、同時に音速を超えるためには胴体に基本的な形状の改良が必要であることが判明したのである。

ＸＦ92の試験飛行で得られた機体胴体の形状の改良理論は、直後に「エーリアルール（流体に関する法則）」として確立され、本機体の進化型である完全デルタ翼戦闘機、コンベアＦ102で採用され、その効果が証明されることになったのである。そして以後開発されるアメリカやイギリスの超音速戦闘機には、積極的にこの理論に基づく設計が採用され、飛行性能の飛躍的な向上に寄与することになったのであった。

人類最初の音速突破は一九四七年十月、ベルＸ－１ロケット実験機により達成された。このときの時速は一二七二キロ。ただこのベルＸ－１実験機にはまだエーリアルール理論は採用されていなかった。

ＸＦ92の主な要目は次のとおり。

全幅　九・五三メートル
全長　一二・九三メートル
自重　三九五〇キロ
エンジン　アリソンＪ33－Ａ－29ターボジェット（アフターバーナー付き）
推力二〇九〇キロ
推力アフターバーナー作動時：合計三七三〇キロ
最高時速　一〇一〇キロ

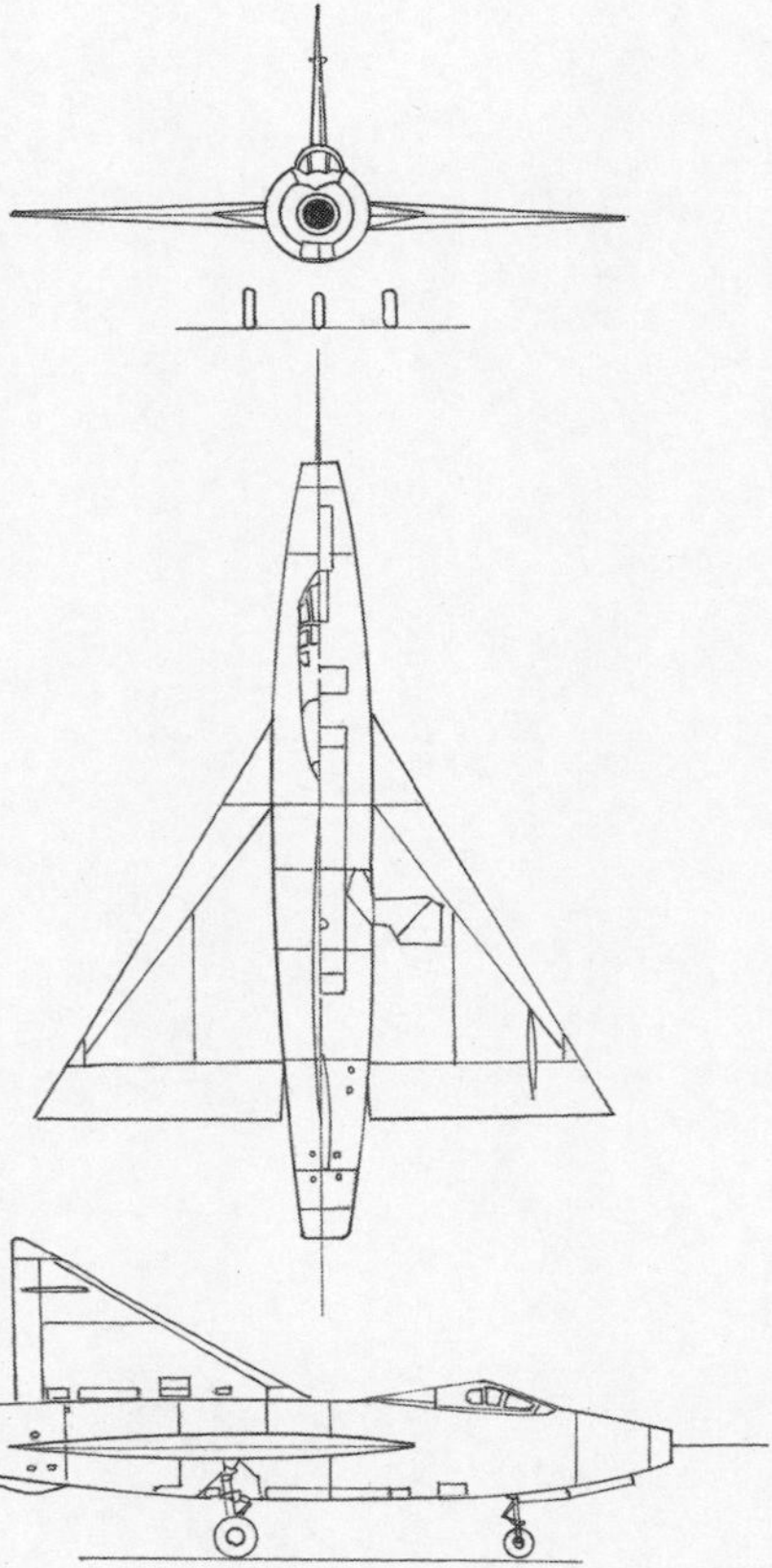

コンベア XF92試作迎撃戦闘機

限界高度　一万三七〇〇メートル
航続距離　不明
武装　　　不明

⑪ノースアメリカンXF93試作長距離戦闘機

アメリカ陸軍航空軍は一九四六年に、長大な航続力を持つ、爆撃機援護用の長距離戦闘機の開発をマクダネル社、ロッキード社、そしてノースアメリカン社に対し要請した。当時、まだ発展途上にあったジェットエンジン推進の戦闘機の最大の欠点は、燃費の悪いジェットエンジンのために航続距離が短いということであった。この問題のあるエンジンで長距離を飛行するためには、いかに多くの燃料を搭載するかが長距離戦闘機開発の問題点となっていたのである。

マクダネル社とロッキード社は、新規開発の長距離援護戦闘機としてこの要請に応じた。しかしノースアメリカン社は、すでに実用化の道を進んでいるF86戦闘機を母体にして、新しい長距離戦闘機の開発をスタートさせた。ここでノースアメリカン社は開発する長距離戦闘機を新規呼称ではなく、既存の機体であるF86戦闘機のC型として作業を進めることにしたのであった。

しかしその過程で、長距離飛行のための胴体内への大量の燃料の搭載や新しいエンジンの配置などを含めると、既存のF86戦闘機の胴体に多少の改造を施すだけでは解決できないことがわかり、ノースアメリカン社は新しい機体番号F93を受け、まったく新しい機体の開発を進めることになった。

試作機は一九四九年十二月に完成し、翌年一月に初飛行を実施した。すでに実績のあるF86「セイバー」戦闘機が母体の戦闘機であるだけに、アメリカ空軍は機体の成功を見越して早くも本機をF93Aとして一一八機の発注をノースアメリカン社に対して行なった。

そして本機の制式採用に向けての各種試験が行なわれている最中の一九五〇年六月、突然朝鮮戦争が勃発したのだ。この事態にアメリカ空軍は開発中の三機種の長距離援護戦闘機の開発をすべて中止し、既存ジェット戦闘機の量産体制に備えた。

XF93は最も実用化に近い戦闘機であったために、開発の中止は惜しまれるのである。本機の概略を説明すると次のようになる。

母体となったF86A戦闘機に比較すると、外観も似ており、全幅、全長、自重にはわずかの差はあるが、いくつかの個所に大きな違いがあった。その第一は、外観ではわからないが、胴体内の背部に七四二〇リットルの大容量の燃料タンクが配置されたことである。そして両翼下にはそれぞれ七六〇リットル入りの補助燃料タンクが装備され、最大三一六六キロの戦闘機としては最大級の航続距離を確保できるようになっていた。第二の特徴は、全装備時の自重が増加することに対し、主車輪にダブルタイヤ方式を採用したこと。第三の特徴はF86

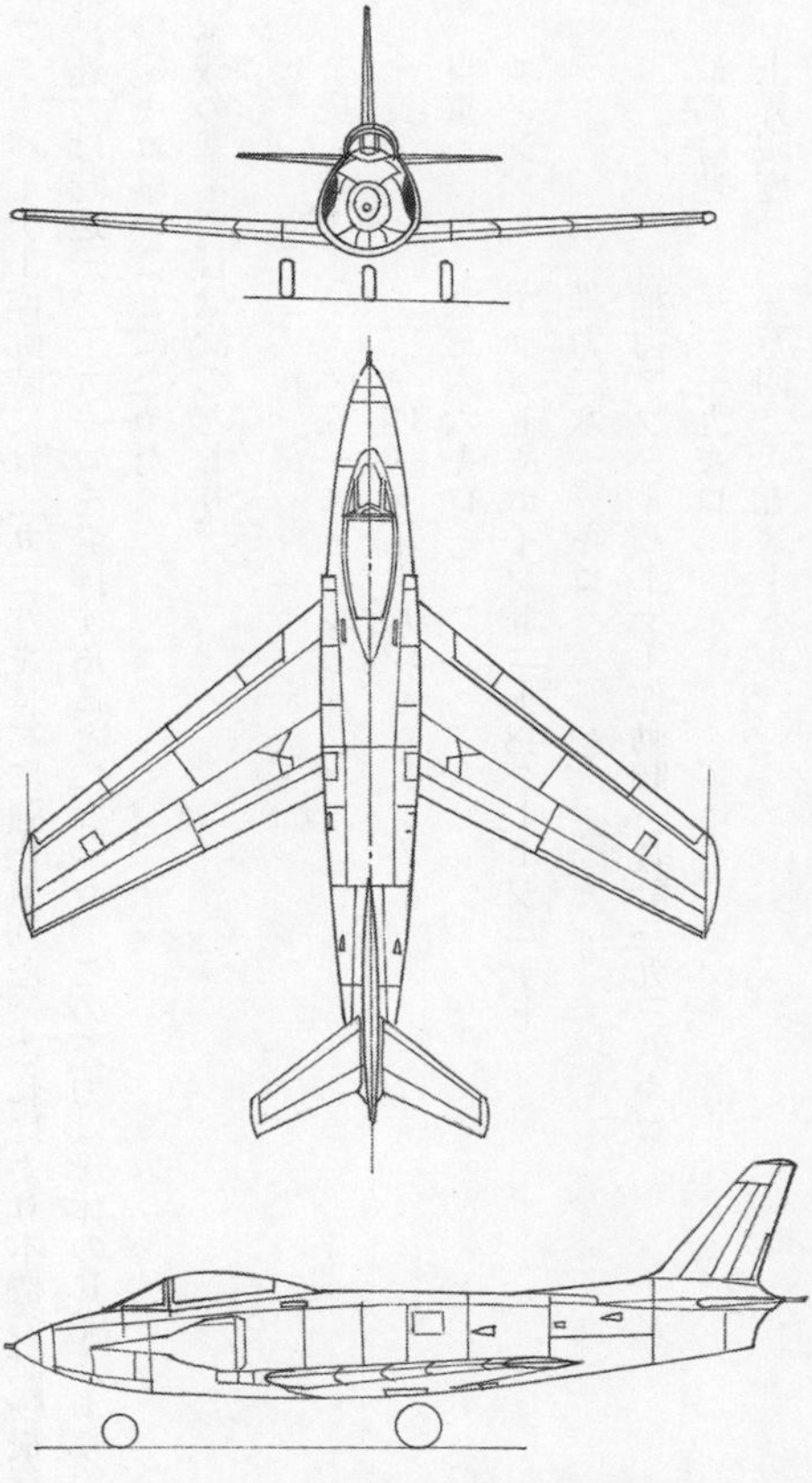

ノースアメリカンXF93試作長距離戦闘機

Aでは機首にあったエンジン用空気取り入れ口を、操縦席の両側下部に移動したことであった。これは機首に二〇ミリ機関砲六門を搭載するための手段でもあった。

XF93のエンジンはF86Aより強化され、プラット&ホイットニJ48（推力二八一三キロ。アフターバーナー作動時には三九三八キロ）に強化された。これにより本機の試験飛行時の最高速力は時速一一三九キロを発揮することになった。この速力は母体のF86Aより約時速一〇〇キロ早いことになった。

本機の基本要目は次のとおり。

全長	一一・八一メートル
全長	一三・四四メートル
自重	六三六六キロ
エンジン	プラット&ホイットニJ48ターボジェット 推力二八一三キロ 推力アフターバーナー作動時：合計三九三八キロ
最高時速	一一三九キロ
上昇限度	一万四二六五メートル
航続距離	三一六六キロ
武装	二〇ミリ機関砲六門

⑫ノースアメリカンXF107試作戦闘爆撃機

リパブリックF84「サンダージェット」戦闘機の主翼を後退角化して性能を強化したF84F「サンダーストリーク」は、強力な攻撃力を持つ戦闘爆撃機として成功作であった。同社はより攻撃力を増した本機の後継機としてF105「サンダーチーフ」戦闘爆撃機を送り出し、これも成功した。

リパブリック社が新しいこの戦闘攻撃機の試作を開始すると同時に、ノースアメリカン社も同様な戦闘爆撃機の試作を開始したのである。ノースアメリカン社が試みたのは、成功作のF100「スーパーセイバー」をより強力化した機体であった。

アメリカ空軍は両社に競争試作させ、優秀な機体を次期戦闘爆撃機として採用する計画であったのだ。ノースアメリカン社の新開発の機体の呼称はXF107であった。

試作作業はリパブリック社が先行した。そしてXF107の完成前にXF105は完成し、アメリカ空軍のテストを受けることになった。テストの結果は予想されていた以上の好成績を出し、空軍は直ちにＸＦ105を次期戦闘爆撃機として制式採用し、量産命令を出したのであった。

結果的に本機は合計八二九機が生産され、まもなく勃発したベトナム戦争ではアメリカ空軍の戦闘爆撃機隊の主力となり、激しい攻撃を展開することになったのであった。そのため本機の損害も甚大で、生産量の三割を戦闘で失うという戦いを強いられることになったのである。

リパブリックＦ105の採用により、遅れて開発されたノースアメリカンＸＦ107の出番は消滅したのである。しかし本機の試作作業はかなり進んでおり、また本機には空力的にも操縦性の上でも画期的なアイディアが採用されていたために、空軍は本機を完成させ、試験飛行でその効果を見極める考えで試作を続行させたのであった。試作一号機は一九五六年九月に、さらに試作二号機も完成し、直ちに試験飛行が開始された。

本機には外観上でも際立った特徴があった。ジェット戦闘機のエンジン用空気取り入れ口は、一般的には機首あるいは機首近くの胴体両側面または主翼の胴体付け根に配置されている。ところがＸＦ107の空気取り入れ口はコックピットの直後の胴体背面に配置されているのである。この配置は超音速時に空気取り入れ口付近で発生する衝撃波の抑制に大きな効果があると理論づけられていた。しかしパイロットの脱出時の障害ともなりかねず、それまで実現した機体はなかった。

また本機の主翼には補助翼がなく、翼の上下面に設けられたスポイラーの動作が補助翼の動作を代行し、水平尾翼も垂直尾翼も全可動式という世界初の装置が随所に組み入れられて

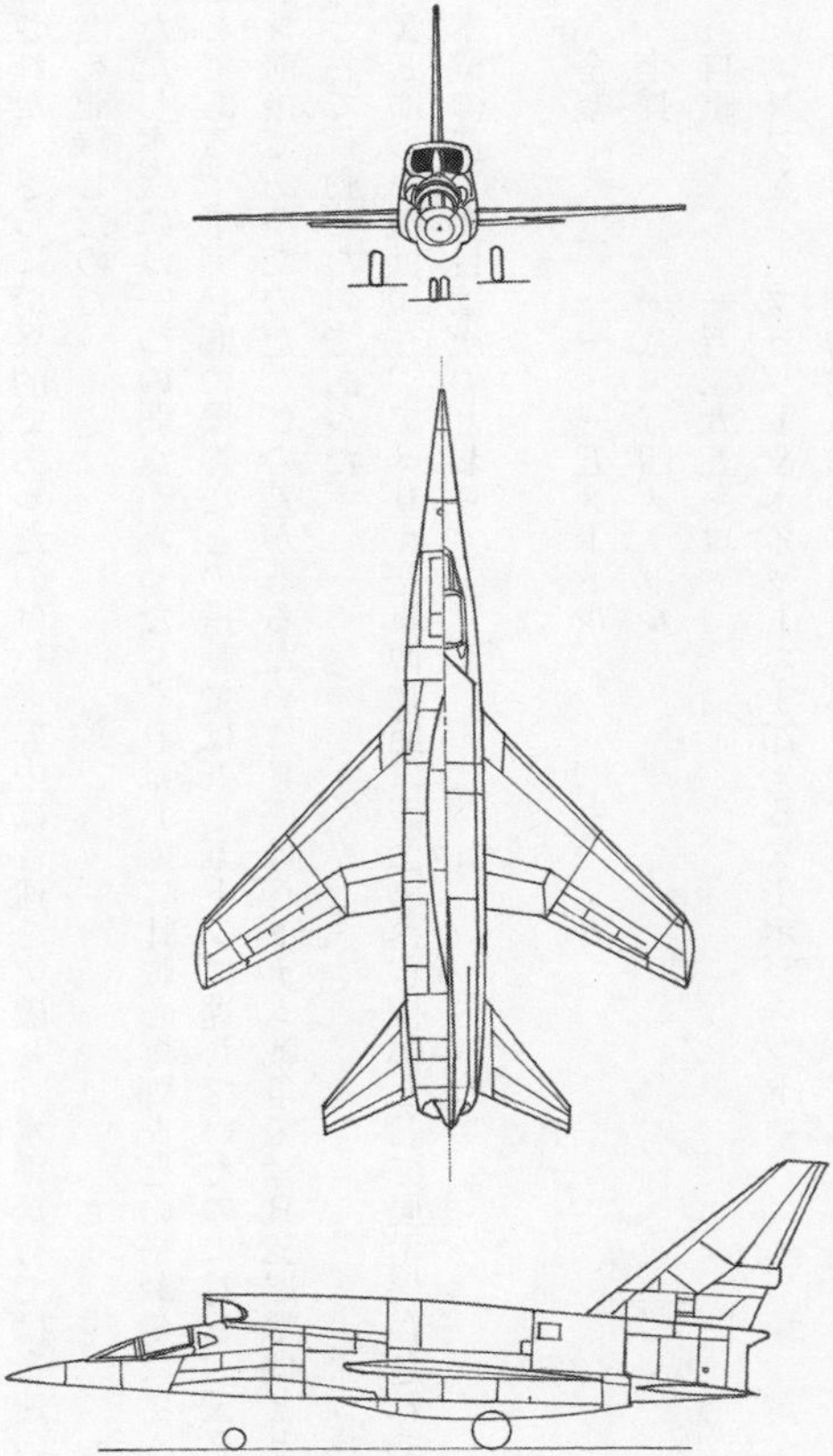

ノースアメリカン XF107 試作戦闘爆撃機

いたのであった。

これらの機能は試験飛行において直ちに飛行性能に反映された。操縦性は極めて優秀と評価された。さらに驚異的であったのは急上昇中に音速を突破し、水平飛行では音速の二倍の速度を記録したのだ。

ただし本機には一つの弱点があった。それはF105に比較し爆弾などの搭載量に劣っていたことである。事実F105の爆弾などの搭載量は五・五トンに達していたのに対し、XF107は四トン前後であったのだ。この差があるためにF105はベトナム戦争ではB52爆撃機とともに主力として行動したのであった。

XF107の一機は現在、アメリカ空軍博物館に記念すべき機体として展示保存されている。

本機の基本要目は次のとおり。

全幅　一一・一五メートル
全長　一八・五四メートル
自重　一万二九五キロ
エンジン　プラット&ホイットニJ75－5ターボジェット
　推力七八〇〇キロ
　推力アフターバーナー作動時：合計一万一一〇〇キロ
最高時速　二五〇〇キロ

航続距離　三八八五キロ
上昇限度　一万六二二〇メートル
武装　二〇ミリ機関砲四門
爆弾三〇〇〇キロ

⑬チャンス・ヴォートF6U艦上戦闘機

本機はノースアメリカンFJ－1とともにアメリカ海軍が第二次世界大戦後の一九四七年に、初めて制式採用した純ジェット艦上戦闘機である。しかし制式化はされたもののその実態は試験機の域を脱し切れず、わずか三〇機が生産されただけで終わった機体である。それだけにこの機体には純ジェットエンジン推進の艦上機としての様々な試行錯誤の跡が見られるのである。

チャンス・ヴォート社は一九四四年十二月に海軍より、次期艦上戦闘機としてのジェットエンジン推進の機体の開発要請があり、同時に試作機三機の発注を受けた。同社は初めて手掛けるジェットエンジン推進の艦上戦闘機であるだけに、機体の基本形状や機体材料の選定に苦慮を続けた。

その結果、最終的にまとまった形状は胴体断面が縦長の楕円形で、主翼はレシプロ戦闘機と同様の直線テーパー翼であった。胴体が太くなったのは当時入手できたジェットエンジン

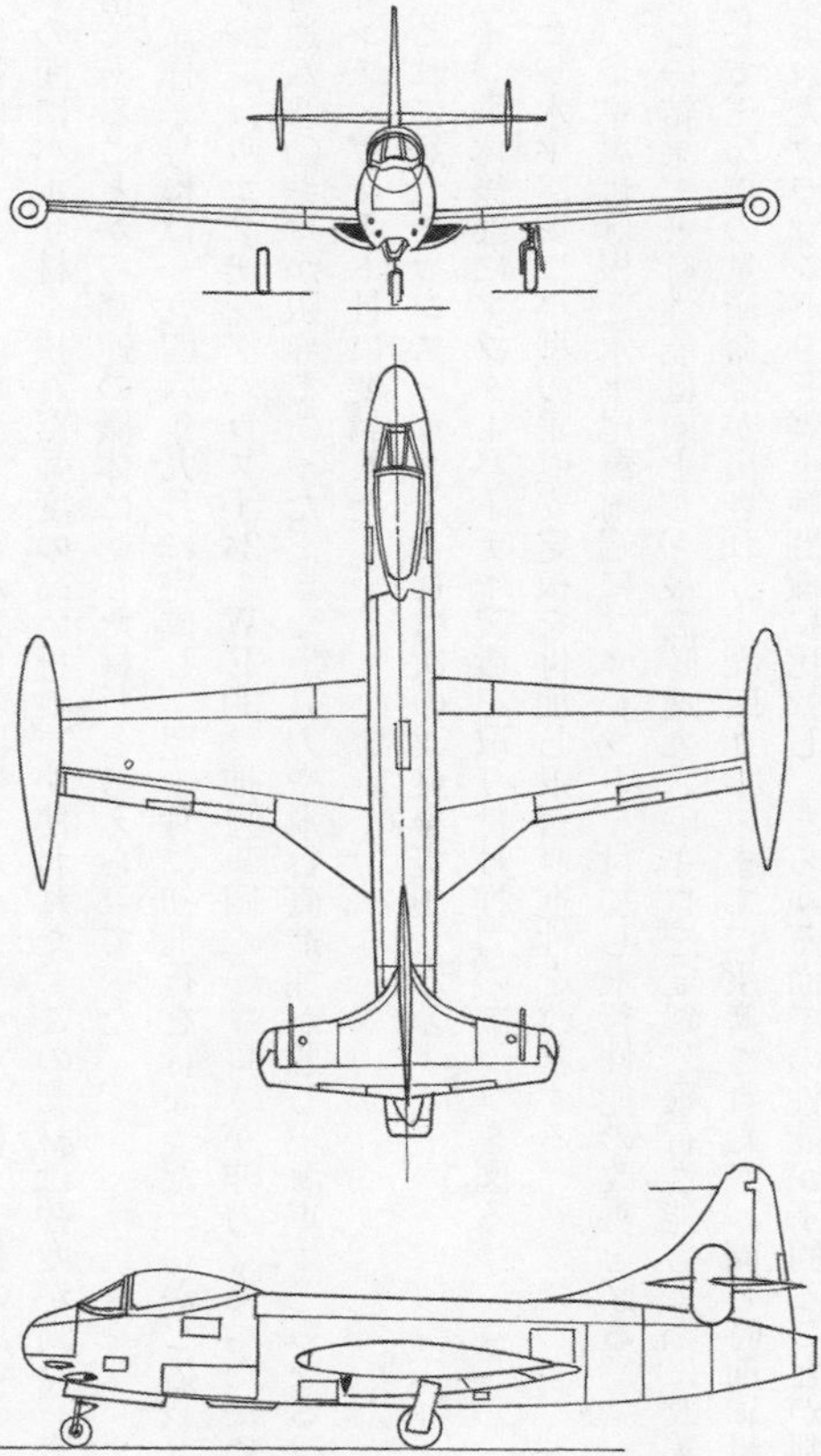

チャンス・ヴォート F6U艦上戦闘機

がホイットルジェットエンジンを原型とする遠心圧縮式の直系の大きなエンジンであったからである。

機材にはチャンス・ヴォート社が独自に開発したメタルタイト材（二枚の薄いジェラルミンの間にバルサ材を挟んだ強度の高い材料）が使われた。この素材は強度が高く、表面が平滑であることから高速の機体に適した材料と考えられていた。

試作一号機は一九四六年九月に完成し、翌十月に初飛行を行なった。しかし搭載されたエンジン（ウエスチングハウスJ34－WE30。推力一四八〇キロ）が非力であったために最高時速八八〇キロが限界であった。また上昇力や飛行直進性が悪く、海軍はさらなる改良をチャンス・ヴォート社に要請した。

これに対しチャンス・ヴォート社は次の改良を実施した。
イ、胴体後部にアフターバーナー装置を取り付け推力のアップを図る。
ロ、水平尾翼に小型の垂直安定板を付加し飛行直進性を改善する。
ハ、主翼付け根と水平尾翼前端にフィレットを付加し飛行性能の改善を図る。
この結果、飛行性能は向上し、最高時速九六〇キロを記録、飛行性能も大幅に改善された。そして三〇機の量産命令が出され、一九四九年末までに生産されたが、同じ時期に量産が開始されたグラマンF9F艦上戦闘機に比較し、あらゆる面での性能が下回ることが判明したのである。

このためにF6Uの生産は三〇機で終了し、生産された機体も実戦部隊に配置されることなく、練習機や試験機として使われるにとどまったのであった。なお同時に制式採用されたノースアメリカンFJ－1艦上戦闘機も量産はされたが、その性能はF6Uとほぼ同様であった。FJ－1も三〇機が生産され一部が実戦部隊に配置されたが、新たに出現したグラマンF9Fの性能には大幅に劣り、早々に訓練機や試験機に格下げされてしまったのである。アメリカ海軍の初期のジェットエンジン推進艦上戦闘機の開発に関わる苦悩がうかがわれるのである。

F6Uの基本要目は次のとおり。

全幅	一〇・〇メートル
全長	一〇・九メートル
自重	三一八〇キロ
エンジン	ウエスチングハウスJ34－WE30ターボジェット 推力一四八〇キロ アフターバーナー使用時：合計一九二〇キロ
最高時速	九六六キロ
上昇限度	一万五〇〇〇メートル
航続距離	一八四〇キロ
武装	二〇ミリ機関砲四門

⑭グラマンXF10F試作艦上戦闘機

本機の愛称は「ジャガー」とされていた。グラマン社は初代のF4F「ワイルドキャット」以来、F6F「ヘルキャット」、F7F「タイガーキャット」、F8F「ベアキャット」、F9F「パンサー」、F9F-6「クーガー」、そしてF11F「タイガー」と愛称を「猫仲間シリーズ」でまとめてきたが、いずも成功した機体で合計生産数は二万七〇〇〇機を超えた。しかしその中にあって唯一の失敗作品がこの「ジャガー」であった。

本機の最大の特徴は主翼に可変翼構造を導入した機体であるということである。本機の開発計画はすでに一九四七年に開始されていた。当時アメリカはドイツから第二次世界大戦末期に試作された可変翼を持つメッサーシュミットP・1101を入手しており、その研究が進められていた。

アメリカ海軍は一九五一年当時、グラマンF9Fの主翼を後退角に改造したF9F-6の試作を進めていた。しかし後退角主翼を持つ航空機が着艦時にいくつかの障害を持つことが判明していたのだ（この事象はその後の改良で解消されている）。この問題を解決するために考え出されたのが後退角主翼を持つ艦載機の可変翼化であった。つまり着艦時には主翼を直線翼に可変することにより着艦時の安定を図るということである。

グラマン社は次期艦上戦闘機として可変翼式艦上戦闘機の開発をスタートさせた。機体の呼称はXF10Fと決まり、海軍はグラマン社に対し試作機二機を発注した。試作機は一九五二年四月に完成し、翌五月に初飛行が行なわれた。初飛行は順調で、可変翼試験にも成功した。

本機にはいくつかの特徴があった。胴体はグラマン社の伝統どおり太めに作られ、主翼は肩翼式であった。主翼は飛行中に一三・五度から四二・五度の範囲で可変することができた。ただ主翼の角度を変更することによる機体の重心位置の移動を考慮し、主翼の角度が増すごとに主翼の取り付け位置が前方に移動する仕組みが考案されていた。

水平尾翼は主翼の角度の変化で発生する後流の影響を避けるために、垂直尾翼の頂部にT字形に配置されていた。また水平尾翼はデルタ翼型が採用され、機体の昇降は水平尾翼の全動式で行なわれるようになっていた。主車輪は主翼が肩翼式であるために胴体下部側面に収容されるようになっていた。

搭載されたエンジンに問題が生じた。エンジンは推力三二七〇キロのウエスチングハウスJ40－WE8が採用された。このエンジンは強出力エンジンとして期待されていたが、トラブルの多いものであった。事実このエンジンを搭載し高速艦上戦闘機として期待されていたマクダネルF3Hは、実用化された段階でエンジントラブルが多発し、その後エンジンを交換することにより性能は安定したが、トラブルメーカーの濡れ衣は晴れず、あたら優秀な本機の寿命を縮めることになったのである。

このエンジンの災いは試作機XF10Fの上にも振り注いだのだ。本機は結局期待された性能を発揮することができなかった。一方可動式主翼の操作は油圧式で手動でも行なえるようになっていたが、いずれもスムーズな動作とは言い難いものとなった。主翼の可変操作には優れた機能を持つモーターと油圧装置、そしてこれらと組み合わせた微妙な制御動作が可能なコンピューター制御が必要であったのだ。

本機のそれ以上の開発は中止された。そしてグラマン社はその後F14「トムキャット」でこの可変主翼搭載の艦上戦闘機を実現させたのであった。

本機の主な要目は次のとおりである。

全幅　伸張時：一五・四二メートル（後退角四二・五度）
　　　後退時：一一・一七メートル（後退角一三・五度）
全長　一七・〇一メートル
自重　九二六五キロ
エンジン　ウエスチングハウスJ40-WE8ターボジェット
　　　推力三二七〇キロ

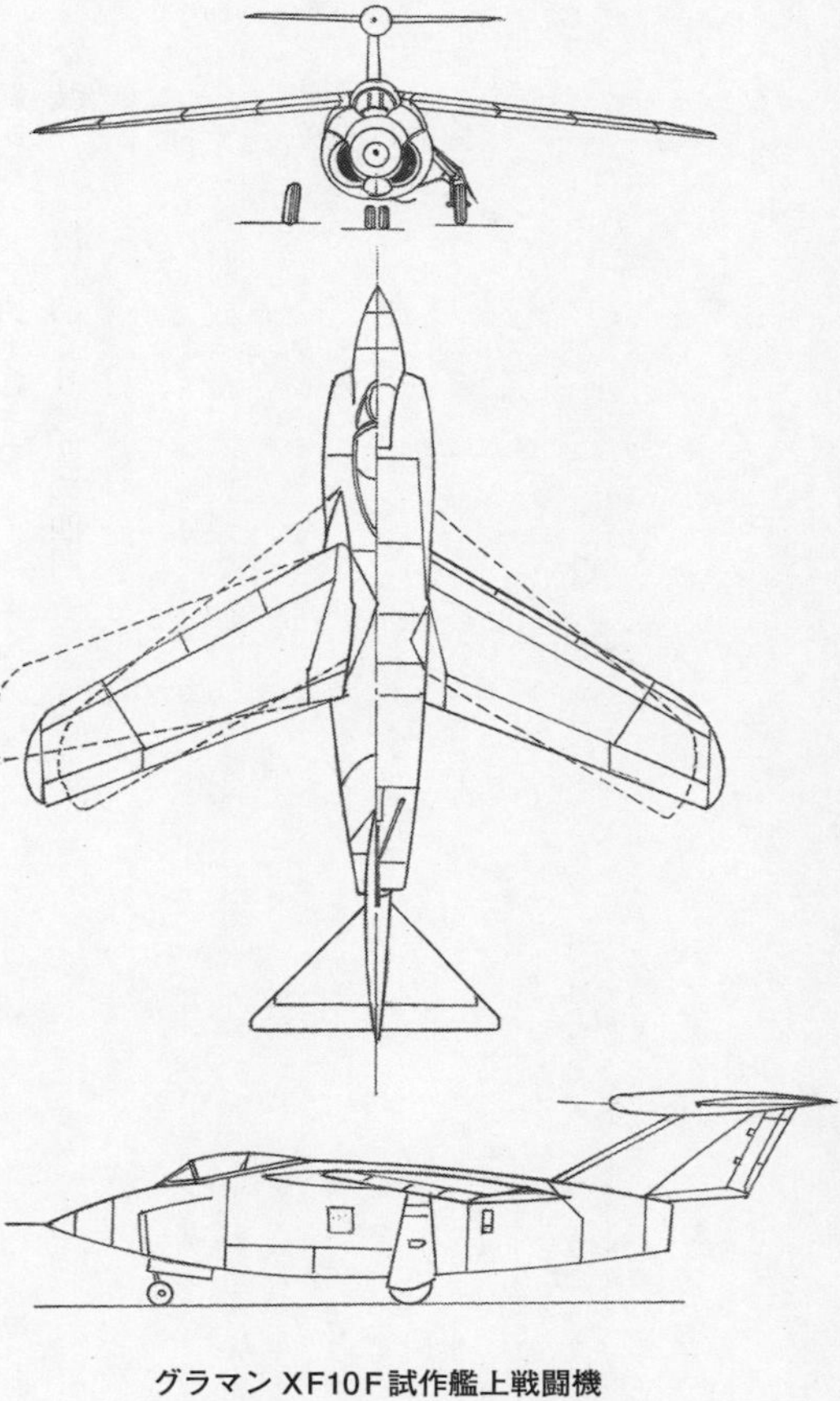

グラマン XF10F試作艦上戦闘機

最高時速　一一〇〇キロ
上昇限度　一万三四〇〇メートル
航続距離　二六七〇キロ
武装　二〇ミリ機関砲四門

⑮ダグラスXB43試作爆撃機

本機はアメリカ最初のジェットエンジン装備の爆撃機である。ただこの爆撃機はジェットエンジン推進爆撃機としてまったく新規に設計された機体ではない。

アメリカ陸軍航空軍はすでにダブル・レシプロエンジン駆動の新型爆撃機XB42を試作していた。この爆撃機は驚異的な性能を持った爆撃機として完成した。しかし試験飛行の行なわれた一九四四年当時、レシプロエンジン付き爆撃機に充足していたアメリカ陸軍航空軍は、この優れた爆撃機のエンジンをジェットエンジンに換装することを提案し、直ちに実行に移され、試作された爆撃機であった。したがってその外形は母体となったXB42と同一形状、同一規模であったのだ。

(注)ダブル・レシプロエンジンとは、二基の大馬力液冷エンジンを並列に配置し、両エンジンの回転をギヤを介して一軸回転に変換し、一軸で二倍の出力を出すことができる。

XB43の試作一号機は第二次世界大戦終結直後の一九四六年一月に完成した。ジェットエンジンはレシプロ・ダブルエンジンのときと同じく、胴体内に並列に二基搭載され、ジェット排気口は一本にまとめられ、機尾から排出された。

本機が優れた爆撃機である理由は、それまでの戦略爆撃機が四基のエンジンを装備し、七〜一二名の搭乗員を乗せ、四トンの爆弾を搭載し、時速三五〇〜四〇〇キロ前後の速度で片道一五〇〇〜二〇〇〇キロの距離を行動する、ということが一つのモデルとなっていた。

これに対しXB42爆撃機は、機体が既存の戦略爆撃機に比べ一回りも小型で、搭乗員はわずかに三名、四トンの爆弾を搭載し、時速五〇〇〜六〇〇キロの速力で片道三〇〇〇キロの飛行が可能で、状況によっては護衛戦闘機の随伴も不要という破格の性能を持っていた。このことは戦略爆撃機としてのコストパフォーマンスが既存の爆撃機にくらべて格段に優れていることになるのである。

アメリカ陸軍航空軍が、レシプロエンジン駆動のXB42のエンジンを、ジェットエンジンに換装することを提案するのは当然の帰結といえたのである。

XB43の試験飛行では、母体となった機体が優れていたために欠陥は何も現われなかった。最高速力は時速九三九キロを記録した。一連の試験飛行の結果、本機は三・六トンの爆弾を搭載し、三〇〇〇キロ以上の行動半径を時速六七〇キロで行動することが可能と判断されたのである。このことは敵側にジェットエンジン推進の防空戦闘機が存在しない限り、護衛戦闘機なしで出撃できるのである。

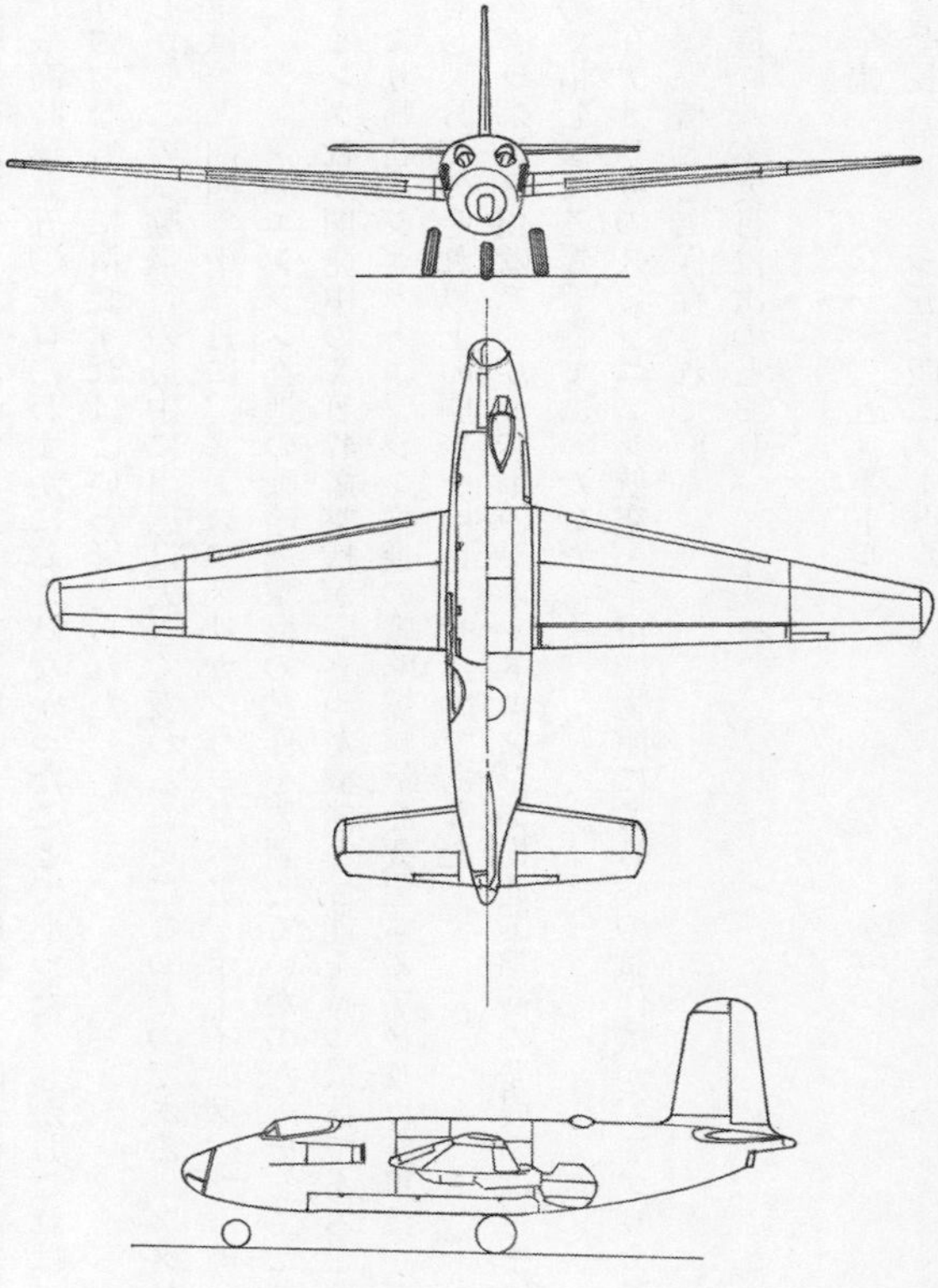

ダグラス XB43試作爆撃機

試験飛行が続行されるなかでアメリカ空軍にとって本機に対する唯一の不満は、期待していた最高時速九五〇キロにわずかにおよばなかったことであった。しかしこれはエンジンをより強力なものに換装すればよいと考えられた。

しかしこの試験飛行の最中に事態は大きく変わることになったのである。アメリカ陸軍航空軍は一九四四年十一月に、ノースアメリカン、コンベア、ボーイング、マーチンの各社に対し、ジェットエンジン推進の戦略爆撃機の試作を要請していたのだ。そしてこれらの中でボーイング社が開発中のXB47爆撃機が際立った機能と性能を持つ機体であることが予測され、より斬新なジェットエンジン推進の戦略爆撃機を要望するアメリカ空軍は、ダグラス社に対しXB43のそれ以上の開発を中止させたのであった。

ダグラスXB43はアメリカ空軍のジェットエンジン推進爆撃機の発展のはざまに存在した、極めて惜しまれる爆撃機であったのだ。

現在アメリカのスミソニアン航空・宇宙博物館にXB43の試作機が、アメリカ最初のジェット爆撃機として保存されている。

本機の基本要目は次のとおり。

全幅　二一・三五メートル
全長　一五・四二メートル
自重　一万三〇〇〇キロ

エンジン　ジェネラルエレクトリックJ35－GE3ターボジェット二基
　推力一八〇〇キロ×二
最高時速　九三九キロ
上昇限度　一万一五〇〇メートル
航続距離　四八〇〇キロ以上
武装　一二・七ミリ機関銃四梃
　爆弾五〇〇〇キロ

⑯コンベアXB46試作爆撃機

第二次世界大戦も末期の一九四四年九月頃、ドイツ空軍はジェットエンジン推進の小型爆撃機アラドAr234を実戦に投入した。本機の最高速力は時速八〇〇キロ前後で、当時の連合軍の最新鋭戦闘機よりも高速で、撃墜することは容易ではなかった。

アメリカ陸軍航空軍はこの事態に対処するために、各航空機メーカーに対しジェットエンジン推進の爆撃機開発を要請した。ただ航空軍が要求した爆撃機はアラドAr234爆撃機のような小型戦術爆撃機ではなく、ジェットエンジン四基を搭載した戦略爆撃機を構想していたのである。

この要請に応じた航空機メーカーは、ノースアメリカン社、コンベア社、ボーイング社、マーチン社であった。いずれも爆撃機製造メーカーとしては実績のある会社であった。

この中でノースアメリカン社が応じたXB45爆撃機は後に制式に採用され、またボーイング社が応じたXB47は最新の理論に基づく後退角主翼と柔軟主翼構造を導入し、画期的な爆撃機として採用された。

コンベア社もＸＢ46の呼称を得て、一九四四年十一月にアメリカ陸軍航空軍と正式に開発契約を結んだ。

結果的にはこのＸＢ46はノースアメリカン社のＸＢ45と雌雄を争うほどの、初期のジェットエンジン推進の爆撃機としては優れた設計の機体として評価された。事実試作機のＸＢ46を操縦したテストパイロットの言によれば、「本機のあらゆる試験における飛行性能は称賛に値するほど優れている」と評されたのである。しかし一方の競争相手のノースアメリカンＸＢ45も優劣つけがたい性能を示していたのだ。

最終的に航空軍は製造工程に若干の容易性が見られた、手堅い設計のＸＢ45を次期爆撃機として、それも第一候補のＸＢ47の保険（ＸＢ47が失敗作と判定された場合の）として選定されたのであった。

コンベアＸＢ46は四基のジェットエンジンを装備した比較的大型の爆撃機であった。全幅三四メートル、全長三二メートルの機体は、アスペクト比（主翼の縦幅と横幅の比率）の大きな細長いテーパー直線翼を持ち、両翼下にはそれぞれ二基のエンジンを装備した巨大なエンジンナセルが搭載されていた。そして垂直尾翼も水平尾翼も直線で構成されていた。

ＸＢ46の胴体は細長くスマートで、機首には透明の爆撃手席が設けられ、その後方の胴体背面には戦闘機を思わせる二人用の風防が配置されていた。そのコックピットの中には操縦士と通信士兼後方銃手の二人が乗り込んだ。本機の防御火器は機尾に搭載されたリモートコントロールされる二梃の機関銃または機関砲のみであった。本機の搭乗員は爆撃手兼航法士と操縦士および通信士の三名のみであったのだ。

エンジンには推力一八〇〇キロのアリソンJ35－A－3ターボジェットエンジンが選定され、合計四基（合計出力七二〇〇キロ）装備であった。

コンベア社は本機を地上攻撃機としても計画しており、陸軍航空軍からはXA44の攻撃機呼称も取得し、別途開発の予定であった。しかし一九四七年にアメリカ空軍に独立した際に攻撃機のカテゴリーが廃止となったために、それにともないXA44の開発計画は自然消滅することになった。

XB46の唯一の欠点は、選定したエンジンが信頼性にかけていたことにあった。しかしエンジンの選定や交換は機体の性能に直接影響するもので容易なことではなく、設計者自身も好むものではなかったのである。

結局本機は不採用になった。しかし本機の優れた性能に満足していたアメリカ空軍は、その後も新型エンジンのテストベッドや各種防御火器の試験機として重宝に使い続け、引退したのは一九五〇年代後半であった。

本機の基本要目は次のとおりである。

全幅　　三四・四四メートル
全長　　三二・二三メートル

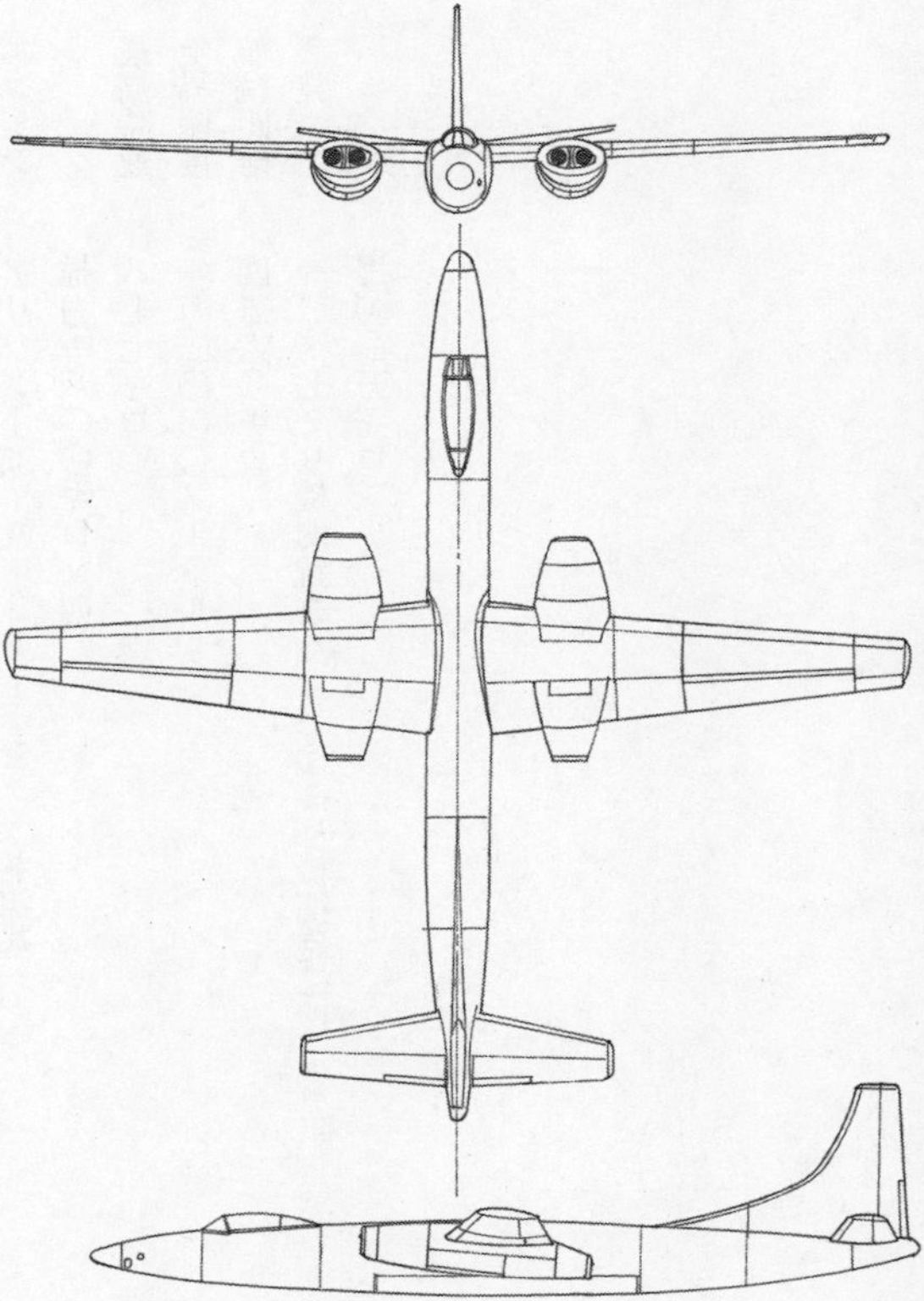

コンベア XB46試作爆撃機

自重　　　二万一八〇〇キロ
エンジン　アリソンJ35－A－3ターボジェット四基
　　　　　推力一八〇〇キロ×四
最高時速　八七七キロ
上昇限度　一万二〇〇〇メートル
航続距離　四二六〇キロ
武装　　　一二・七ミリ機関銃または二〇ミリ機関砲二門
　　　　　爆弾一万キロ

⑰マーチンXB48試作爆撃機

　本機は前述のコンベアXB46とともに試作された、ジェットエンジン推進の戦略爆撃機を想定したマーチン社の試作機である。

　アメリカ陸軍航空軍の要請により試作された四機種のジェット爆撃機は、本来はいずれも直線主翼付き爆撃機として計画されていたが、終戦直後ドイツから入手した後退角主翼理論をいち早く採用したボーイング社は、途中で設計を後退角主翼付き爆撃機に変更、画期的な構想の爆撃機を航空軍に提示したのだ。これがボーイングXB47爆撃機であった。

　XB47はその革新的な設計と試作機の高性能ぶりから、直ちに次期戦略爆撃機としてアメリカ空軍の採用するところとなった。そして同機はその後のアメリカ空軍の戦略爆撃機の主柱ともなったボーイングB52爆撃機へとつながっていったのである。

　このときもう一機種選ばれたノースアメリカンB45は、四発ジェットエンジン推進爆撃機ではあったが、極めて保守的かつ堅実な設計の機体であった。しかしアメリカ空軍が革新的設計のB47を次期戦略爆撃機として選定したことは、まさに先見の明を証明したこととなり、極めて短期間で旧式化したB45にはその後光が差し込むことはなかった。

このとき選定の候補になった四機のジェットエンジン推進の爆撃機の中で、最もレシプロエンジン付き重爆撃機に近い姿で登場したのがマーチンXB48であった。

XB48はまだレシプロエンジン付き重爆撃機のイメージから脱し切れない、極めてオーソドックスな直線テーパー主翼付きの機体であった。全幅三三メートル、全長二六メートルという規模はボーイングB17爆撃機とほぼ同じ大きさである。

本機には機体の各所にユニークな設計が取り入れられていた。本機の胴体断面は爆撃機には例が少ない三角形に近い「おむすび形」をしていた。そして主翼は肩翼式に近い中翼式であった。

この独特な形状を採用した背景には主車輪の配置があったのだ。ダブルタイヤ式の主車輪は胴体の前後にタンデム式に装備され、両主翼端には引き込み式の補助車輪が付加されていた。このタンデム型主車輪の配置は同社が直後に試作した革新的な爆撃機XB51でも採用された。そしてこの車輪配置のテストのために、マーチンB26「マローダー」双発爆撃機をタンデム車輪式に改造し、事前試験を行なっていたのだ。

本機のエンジンの配置にも際立った特徴があった。採用したエンジンは推力一八一〇キロのジェネラルエレクトリックGE－J35ターボジェットエンジンであった。このエンジンは出力が低いために、本機に要求性能を発揮させるためにはエンジン六基搭載（合計推力一万

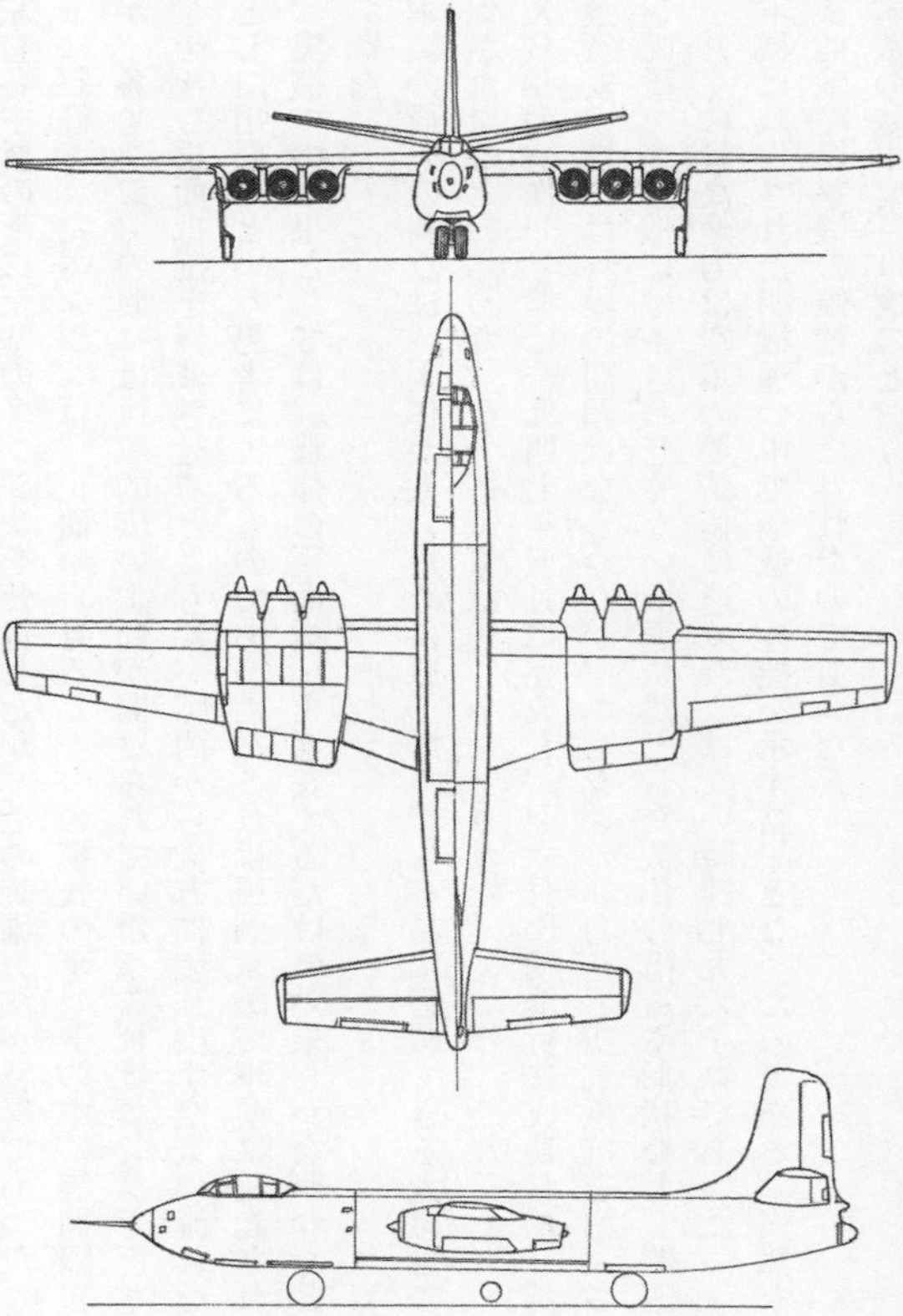

マーチン XB48試作爆撃機

八六〇キロ）が必要であった。

左右各主翼の下に三基のエンジンを装備したが、その装備方法が特異であった。左右主翼の下に装備されたエンジンは、正面から見ると一つの横長のポッドの中に等間隔に並べられたが、各エンジンの間には比較的広い隙間が開けられていた。これはエンジンポッドのエンジンを含む正面抵抗を軽減させるとともに、隙間から後方に流れ出す空気の流れを推力の一つとして用いるという思考によるものであった。これは風洞試験で事前に確認されてはいたが、実機での効果としては、機体の正面抵抗を増長するだけの効果しかなかったということであった。

本機の最大の利点は、胴体が太いために原子爆弾でも容易に搭載できる大容量の爆弾倉が確保されたことであった。その搭載量は一〇トンとされた。

XB48の試作一号機は一九四七年五月に完成し、翌六月に初飛行に成功した。試験飛行では飛行安定性には特段の問題はなかったが、エンジンの非力さ、空気抵抗を増大させるエンジン配置、高速機にはふさわしくない旧態依然とした機体の構造や形状など、問題点が続出し、とくに最高速力は空軍の要請値に遠くおよばない時速七九六キロであった。

本機は試作された四機種の中で最低の性能を示す結果となったのである。当然ながら本機は次期戦略爆撃機の候補からは外れたのであった。

本機の基本要目は次のとおり。

全幅　三三・〇メートル
全長　二六・二メートル
自重　二万八五〇〇キロ
エンジン　ジェネラルエレクトリックGE－J35ターボジェット六基
推力一八一〇キロ×六
最高時速　七九六キロ
上昇限度　不明
航続距離　三八六二キロ
武装　一二・七ミリ機関銃二梃（計画）
爆弾一万キロ（計画）

⑱ノースロップYB49試作爆撃機

本機はノースロップ社が試作した全翼式爆撃機XB35およびYB35のレシプロエンジンをジェットエンジンに換装した爆撃機である。XB35についてはすでに「Ten.Ten Bomber」としてXP79の項で紹介してある。本機の性能は優れていたが、実用化するには多くの問題があるとして制式化されることはなかった。

しかしその後ノースロップ社は試作されたXB35の機体を改造し、本機のエンジンをジェットエンジンに換装した新しい全翼式爆撃機YB49を試作し、アメリカ空軍の審査を受けることになったのだ。このときXB35がレシプロエンジン四基搭載であったものを、ジェットエンジン八基に改造した。

(注)アメリカの軍用機の機体記号・番号の頭につくXの記号は「試作機」を意味し、Y記号は「増加試作」機体を意味する。なおZ記号は「退役」記号を示す。

エンジンには推力一七〇〇キロのアリソンJ35－A－15ターボジェットエンジンが選定された。エンジンは主翼の後端に片側にそれぞれ四基を搭載した。そしてエンジン用空気取り入れ口は主翼前端にスリット状に開かれていた。

本機はXB35の機体（全翼）をそのまま転用したが、改造に際しYB49の両主翼のエンジンの外側後端に、主翼の上下に伸びる垂直尾翼に似た空気整流板を追加装備した。

本機の飛行試験は繰り返し行なわれたが、その結果に対する空軍審査当局の意見は正反対の二つに分かれたのだ。それは極めて安定した飛行特性を持つというもの。また一方では飛行特性に安定性を欠くという意見であった。この二つに分かれた評価の原因は、当時のジェットエンジン特有の燃焼の不安定さに起因するものであることは明らかだった。

アメリカ空軍として本機に対する評価が高かった部分は、本機の飛行特性の中でもその航続距離の長大さであった。空軍は本機を当面長距離偵察機として運用することを考え、一九四八年九月に写真偵察機RB49Aとして量産発注をした。しかしこれは間もなくキャンセルされたのだ。

理由は全翼機の操縦特性と飛行特性に対する確認が、制式採用するにはまだ不十分で実用化するのは時期尚早であるとの意見が大勢を占めたからであった。

しかし当時は一般には「コンベア社がノースロップ社の採用に強力に反対をしていた」と噂されていた。じつはノースロップ社は本機を空軍が推進する「Ten.Ten Bomber」を目標に開発しており、同じ目的で同時に開発が進められていたコンベア社のXB36の採用の可否が、空軍内で真剣に検討されていた微妙な時と重なっていたため、この噂がながれたのである。

ＲＢ49Ａの発注取り消しの背景には、試験機のＹＢ49の操縦に際し、ＸＢ35の試験飛行のときと同じく、極めて高度なテクニックが必要とされ、将来革新的な技術が開発されるまでは全翼機の実用化は困難という意見が空軍内で大勢を占めていたためとされている。

世界で最初に制式採用された全翼大型機は、一九八九年に試験飛行が行なわれたノースロップ・グラマン社開発のステルス全翼爆撃機Ｂ２である。この機体の操縦には全面的にコンピューター制御システムが採用されていた。ＹＢ49の飛行以来じつに四〇年目にして実現するという、大型全翼機の操縦は至難な技術であったのである。

なおＹＢ49は一九四八年六月、試験飛行中に飛行場上空で軽い急降下試験を行なった。しかしこのとき突然、機体が操縦不能に陥り搭乗員全員が墜死するという事態になった。ＹＢ49を操縦していたのはＧ・エドワーズ空軍大尉であった。

その後このテスト飛行場はアメリカ空軍の中でも最も著名な実験機の飛行場「エドワーズ空軍基地」と呼称されるようになったのである。

本機の基本要目は次のとおり。

全幅　　五二・四メートル
全長　　一六・二メートル

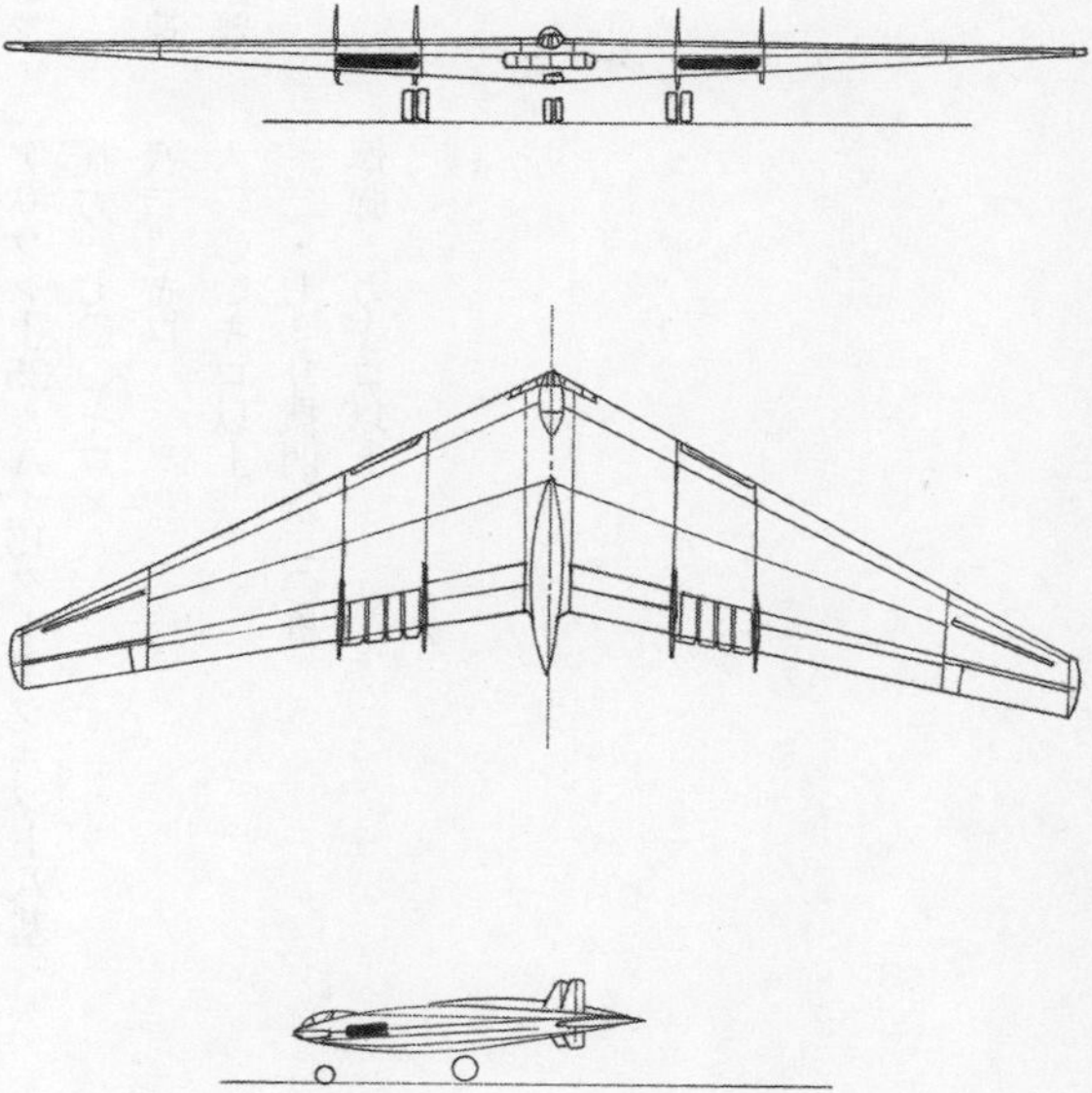

ノースロップ YB49 試作爆撃機

自重　四万一一六キロ
エンジン　アリソンJ35-A-15ターボジェット八基
推力一七〇〇キロ×八
最高時速　八二三キロ
航続距離　六〇〇〇キロ以上
武装　一二・七ミリ機関銃二〇梃
爆弾一万キロ以上

⑲マーチンXB51試作爆撃機

本機の写真が日本の航空雑誌のグラビアページを飾ったとき、それを見た恐らくすべての航空ファンは強い衝撃を受けたに違いない。ジェットエンジン推進の爆撃機であるが、そのスタイルは従来の飛行機に抱いていた常識的なスタイルの概念を打ち砕く、あまりにも独創的で衝撃的であったのだ。

XB51の本来の構想は、一九四五年にアメリカ陸軍航空軍向けに提示を予定していた、地上攻撃機XA45であった。しかし第二次世界大戦終結後にそれまでの攻撃機（記号A）カテゴリーが廃止されたために、マーチン社は本機を地上近接攻撃を目的とした軽爆撃機XB51として改めて航空軍に提示することになったのである。

試作機は一九四九年十月に完成し、月末に試験飛行に成功している。そして本機は出現当初から、その特異な姿から航空関係者の注目の的となった。

XB51の胴体断面の形状は縦に長い長方形で、主翼は中翼式に配置され、三五度の後退角がついた主翼には下反角がついており、水平尾翼は垂直尾翼の頂部にT字形に配置されていた。そして本機の特徴を際立たせていたのが、胴体前部の両側下面に配置された大型のエンジンポッドであった。本機はもともとエンジンを三基搭載し、三番目のエンジンは胴体内後部に装備され、エンジン排気口は胴体尾部にあった。

操縦士は一名で機首付近の上部に戦闘機のようなコックピットが配置されていた。この爆撃機の乗員は二名だけであった。操縦士のほかは通信士兼航法士一名で胴体内に席が設けられていた。

本機の特異さはまだある。主車輪はXB48と同様に、爆弾倉を挟んだ前後にそれぞれダブル車輪が一基ずつ配置されたタンデム構造になっていた。そして主翼の左右先端には小型の引き込み式の補助車輪が各一基ずつ配置されていた。

本機のさらなる新機軸は爆弾倉にあった。この機体には既存の爆撃機に装備されるような両開きの爆弾倉扉はなく、強度を持った一枚の大型の長方形の扉が用意されていた。その前後に設けられた回転軸を介してこの爆弾倉扉は回転する仕組みになっている。そして爆弾はこの扉の裏側に搭載され、爆撃時にはこの扉がさながら「忍者屋敷のからくり扉」のように半回転し、爆弾が現われて投下するのである。この方式は、高速飛行時に爆弾倉扉を開くことにより生じる空気抵抗による速度の低減と、飛行安定性の乱れを未然に防ぐ効果があるとされた。

エンジンには推力二三六〇キロのジェネラルエレクトリックJ47ターボジェットが三基搭

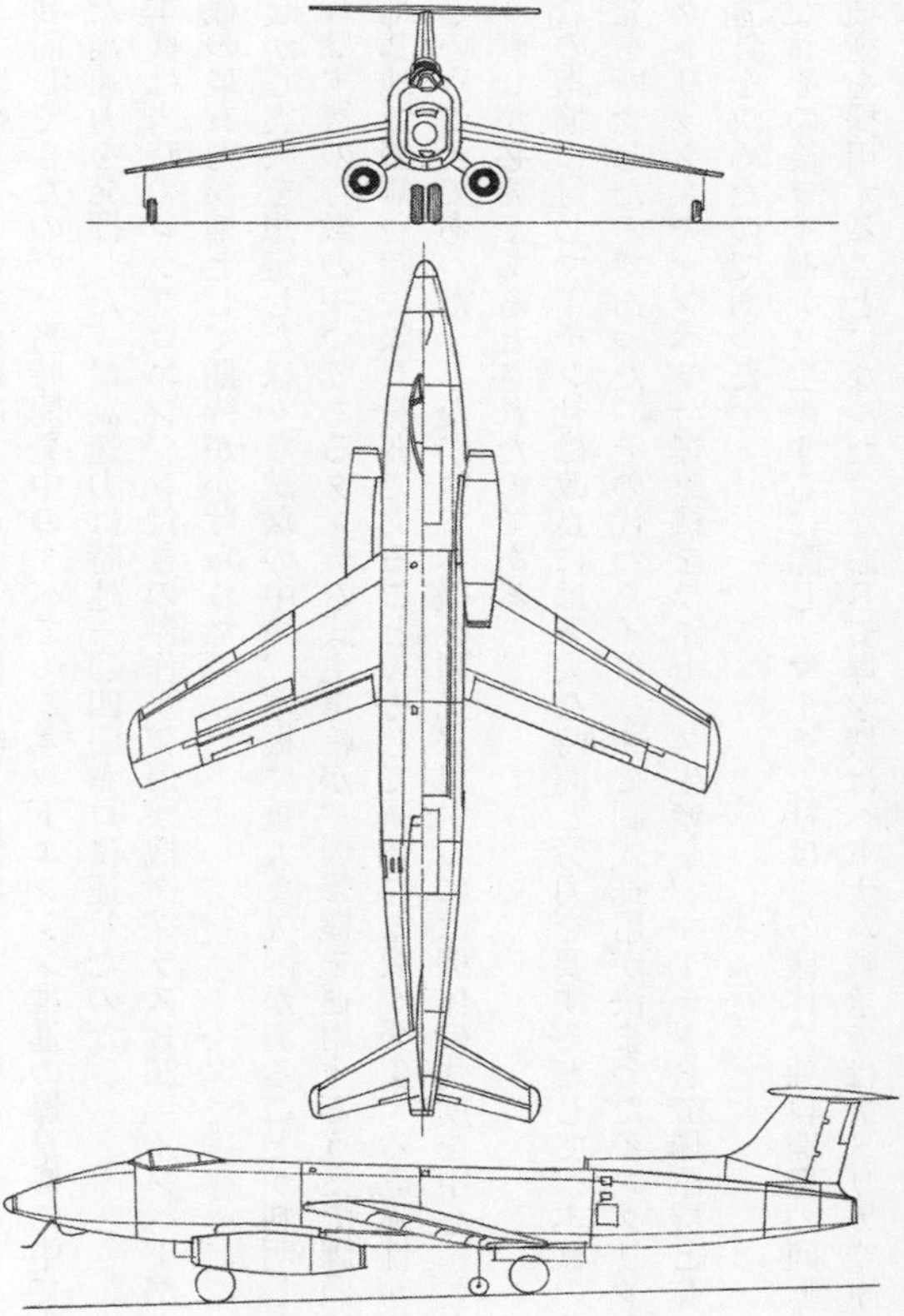

マーチン XB51試作爆撃機

載された。

ＸＢ51のテスト飛行が継続されると、本機が非凡な性能を有する機体であることがしだいに判明してきたのだ。当時開発中のすべてのジェットエンジン推進の爆撃機の中でも群を抜いた高速力を発揮した。最高速力は時速一〇四〇キロに達したのだ。

本機は当時のレシプロエンジン付きの傑作双発爆撃機ダグラスＢ26「インベーダー」の後継機の最有力候補として期待がかけられた。

しかし実戦を想定した様々な試験の中で、本機に重大な欠陥があることが判明したのだ。それは本機の特徴の一つであるタンデム式主車輪が、爆撃機を運用するうえで課題になる不整地基地での離着陸に際し脆弱であること、そして胴体に亀裂が発生する危険性が極めて高いということであった。したがって本機を制式採用するには機体の強度を中心にした設計のやり直しが必要であるとされたのである。

この指摘に対しマーチン社は改良には多大な時間と労力を要するとして、本機のその後の開発を断念したのであった。その代わりイギリスで制式採用が決まったイングリッシュ・エレクトリック「キャンベラ」爆撃機をライセンス生産し、マーチンＢ57爆撃機として採用する方針を決めたのであった。

なおその後ライセンス生産するに際し、マーチン社はこの機体に独自開発の回転式爆弾倉の技術を採用することになった。なおＢ57爆撃機はベトナム戦争ではアメリカ空軍の爆撃機隊の中核として活動している。

本機の基本要目は次のとおり。

全幅　一六・二メートル
全長　二五・九メートル
自重　一万三四一九キロ
エンジン　ジェネラルエレクトリックJ47ターボジェット三基
　推力二三六〇キロ×三
最高時速　一〇四〇キロ
上昇限度　一万一二〇〇メートル
航続距離　二八〇〇キロ
武装　二〇ミリ機関砲八門（機首固定）
　爆弾四七〇〇キロ

⑳コンベアXB60試作爆撃機

一九五二年夏、日本の航空雑誌のグラビアで二ページにわたり、アメリカ空軍の巨大な二機のジェット爆撃機の写真が初めて掲載された。一機は八発エンジンのボーイングYB52、そしてもう一機は同じ八発エンジンのコンベアYB60の写真であった。

ボーイングYB52はすでに実戦配備が進んでいたボーイングB47爆撃機（六発エンジン）の拡大型という印象を受けてさほどの衝撃は受けなかったが、同じ誌面に載ったYB60の姿は同じ八発エンジンの巨体ながら新鮮味があった。

一九四九年当時のアメリカ空軍の戦略空軍の柱は、航続距離が驚異的に長く爆弾搭載量が三〇トンに達するレシプロエンジン（六発）付きのコンベアB36と、同機より航続距離と爆弾搭載量は劣るが格段の高速力を誇る、ジェットエンジン推進のボーイングB47爆撃機で、いずれも量産と部隊配備が進められていた。

こうしたなかでアメリカ空軍はB36並みの航続距離と爆弾搭載量を持つ、ジェットエンジン推進の戦略爆撃機の開発を進めていた。その期待にこたえて出現したのが先の二機の試作機であった。

ボーイング社はB47ジェット爆撃機の開発にあたり、様々な最新の理論に基づく技術を設計に織り込ませた。後退角付きの主翼の採用、主翼下に搭載するエンジンポッドの配置方法、胴体内に収容可能な巨大な降着装置に適したタンデム式車輪の採用。そして極めつきの設計が柔軟構造の「たわみ式主翼」の採用であった。そしてこれらの新技術はすべてYB52にも採用されていた。

一方のYB60の機体設計には最新技術の採用は見られなかった。コンベア社は開発期間の短縮と量産に入った場合に現在進行中のB36の生産体制を極力乱さないように、むしろB36の機体で共用できるところは極力応用するという方針で新しいジェット重爆撃機を設計した。この方法を採用すれば開発費の大幅な低減、無駄のない生産体制、そして失敗の極めて少ない機体の開発が可能と判断したのであった。

具体的なコンベア社の構想では新型ジェット爆撃機の胴体はB36の胴体そのものを使い、B36の主翼の主桁構造材や主車輪などはそのまま転用するという方法で新型ジェット重爆撃機の開発を進めたのであった。この結果は新型爆撃機の機体部材の七〇パーセントはB36と共通部材になり、大幅なコストダウンにつながるのである。

写真で眺めるYB60の姿にどこか親近感が持てたのは、機体の多くの個所にB36の面影が残されていたためであろう。当然ながらYB60の主翼には後退角がついていた。しかしこの主翼が本機の性能を低下させ、そしてボーイングYB52に敗れ去る主因になったのであった。

YB52の主翼の構造は、B47と同じく高速機体に適した柔軟構造と翼断面構造を採用していた。しかしYB60の主翼は後退角こそついていたが、その構造はB36と同じく、強度を維持するために太い主桁を使った分厚い翼断面構造が採用されていたのだ。当然のことながら主翼の空気抵抗はYB52に比較し格段に大きいことになった。その結果は歴然としていた。

YB52は速度試験において最高時速九七八キロを記録した。一方のYB60の最高速力は、YB52よりも一六〇キロも遅い時速八一八キロに過ぎなかった。YB60がYB52より優れていたのは爆弾搭載量で、YB60の最大三三トンに対し、YB52はわずか二〇トンであった(その後B52の爆弾搭載量は最大三四トンに増加した)。

アメリカ空軍はこの結果を当初から予期しており、大勢はYB52の採用に傾いていたのである。そのためにYB60の飛行試験は合計六〇時間で終了し、一九五三年一月に両機の比較試験は終了し、B52の量産が進められることになったのである。

ちなみに最初の量産型B52Aの部隊配備は一九五五年で、最終型のB52Hの生産が終了したのは一九六三年十月であった。B52は大型爆撃機としては記録的に長い八年間という長期間の量産が続けられることになったのだ。本機の総生産量は七四四機で、一時期、日本の横田基地にも配備されていた。なおB52は現在でも第一線用の重爆撃機として少数ながら現役配備となっているのである。

YB60の基本要目は次のとおり。

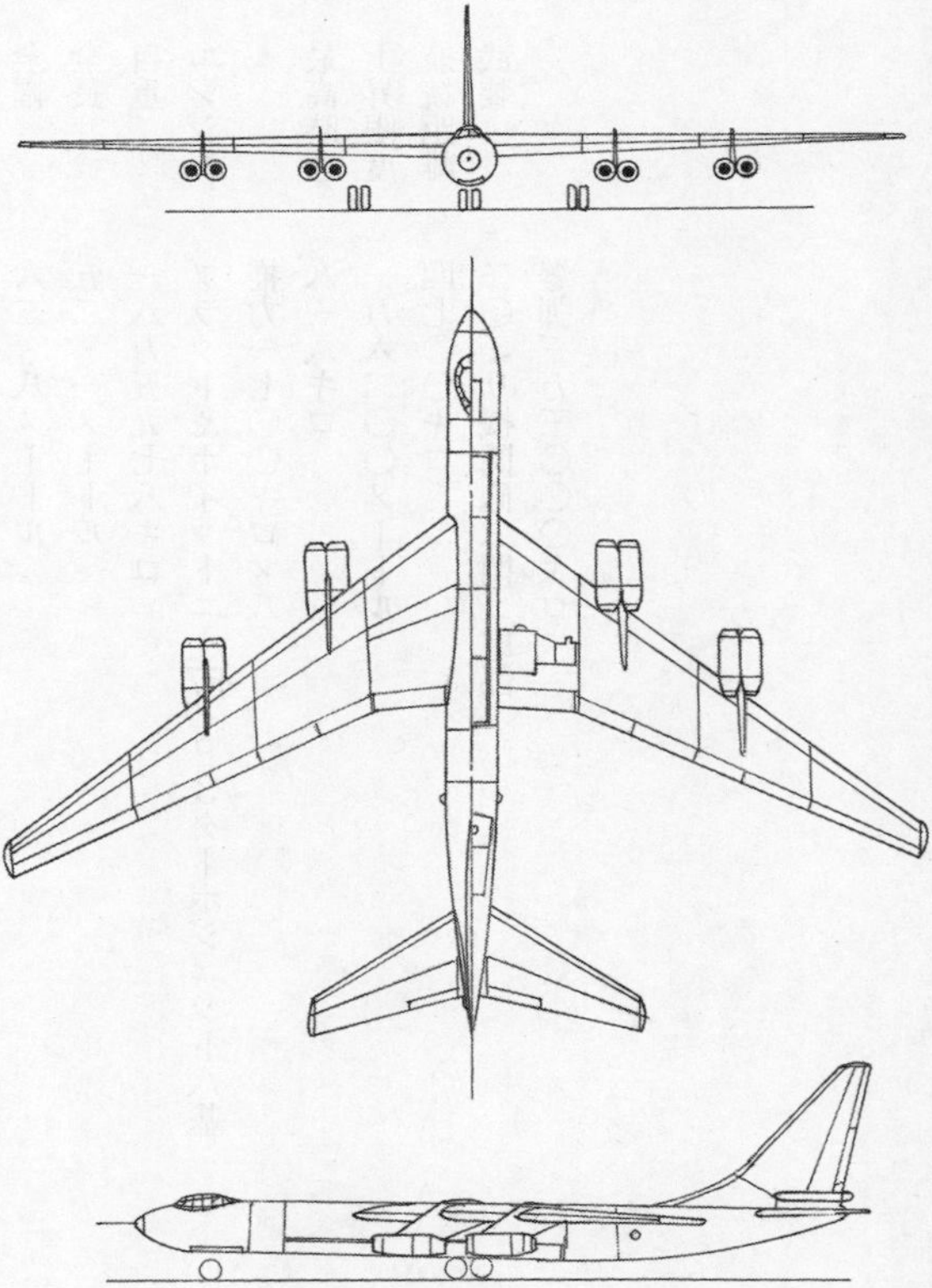

コンベア XB60試作爆撃機

全幅　六二・八メートル
全長　五二・一メートル
自重　一八万五九七八キロ
エンジン　プラット&ホイットニJ57-P3ターボジェット八基
　推力一七〇〇キロ×八
最高時速　八一八キロ
上昇限度　一万六二〇〇メートル
航続距離　四七〇〇キロ
武装　二〇ミリ機関砲二門（尾部）
　爆弾三万三〇〇〇キロ

㉑ノースアメリカンXA2J試作艦上攻撃機

一九四八年七月にノースアメリカン社の双発大型艦上攻撃機XAJ「サヴェージ」が初飛行に成功した。この機体はアメリカ海軍が空母を使い、世界中のいかなる場所へも原子爆弾搭載の攻撃機を移動させ攻撃することが可能であるという構想を実現するために試作されたものである。

本機はその後アメリカ海軍に採用され、量産が開始された。広島・長崎に投下した規模の原子爆弾の搭載が可能な機体で、その爆弾倉には直径一・五メートルの爆弾（重量四トン級原子爆弾）を積むことができた。

「サヴェージ」の全幅は二三メートル、全長は一九メートル、自重一一トンという艦上機としては世界最大級で、エンジンは二基のレシプロエンジン（最大出力二二四〇馬力）と、胴体内に推力二〇七〇キロのターボジェットエンジンを搭載していた。しかし本機は艦載機としては破格の大きさであり、アメリカ海軍でも本機を運用できる航空母艦は基準排水量四万トン以上のミッドウェー級の四隻の航空母艦しかなかったのである。

しかし一九五四年頃から、ミッドウェー級より一回り小型のエセックス級航空母艦（基準排水量二万七〇〇〇トン）の近代化工事が進み、これらの航空母艦でも本機の運用が可能になった。これにより多数の航空母艦に搭載された多数のＡＪ艦上攻撃機による核爆弾攻撃が可能になり、アメリカに敵対する国々にとっては限りない脅威となったのである。

じつは本機によって編成された一個分隊（四機）が朝鮮戦争の後期（一九五三年二月）に、朝鮮半島の某基地に派遣され待機していたことが後に知られることになった。これは当時のアメリカ軍首脳部が、この戦争の打開には核攻撃も辞さず、という姿勢に入っていたことを示すもので、このとき本機は航空母艦から陸上基地に移されていたのであった。それを裏付けるようにこの頃の日本上空では、しばしば本機の飛行が目撃されていた。

アメリカ海軍はＸＡＪを開発中の一九四七年に、早くも本機体をより進化したターボプロップエンジン搭載型の艦上攻撃機とすべく、開発作業を開始していた。このときアメリカ海軍はジェットエンジン搭載の艦上攻撃機の開発を各航空機製造メーカーに打診していた最中で、これにこたえたのがダグラス社とノースアメリカン社であったのだ。

このときダグラス社は、ターボジェットエンジン装備の双発艦上攻撃機（後のＡ３Ｄ）の開発を開始していたのだ。

ノースアメリカン社はターボジェットエンジンではなく、航空母艦作戦において運用が容易と考えられるターボプロップエンジン付き機体を開発する計画であった。新しい艦上攻撃

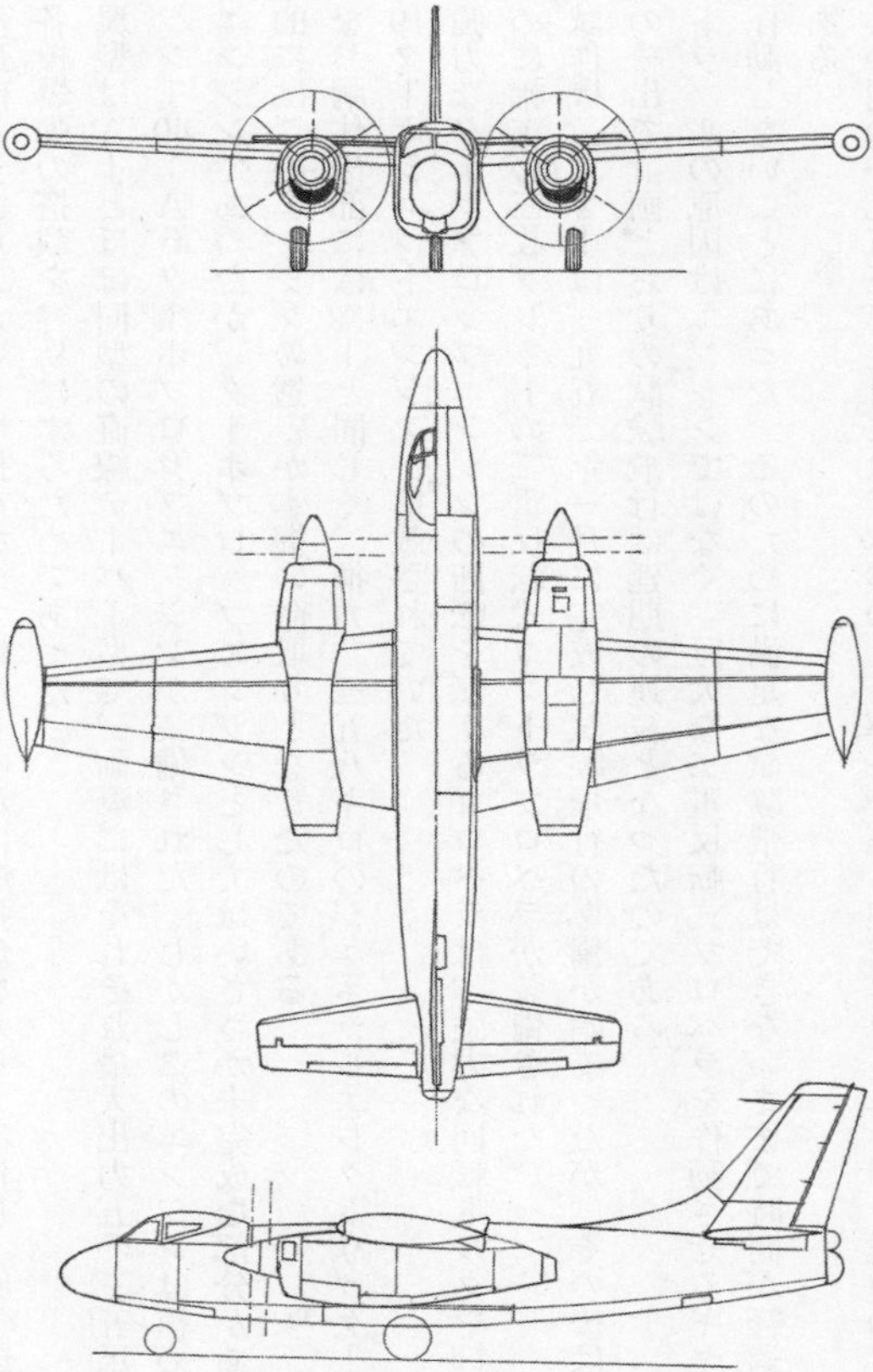

ノースアメリカン XA2J 試作艦上攻撃機

機の外形は、基本的にはAJと近似のものとなっていたが、よりスリム化した設計で、胴体の全長はAJより二メートル長くなっていた。これは爆弾倉をより大型化し、原子爆弾を含む各種爆弾の搭載を容易にするためであった。

翼型はAJとほぼ同型の直線テーパー型で、両翼にはそれぞれ最大出力五〇三五馬力のアリソンT40－A6ターボプロップエンジンが装備された。しかしこのエンジンは極めて強力なエンジンであったが、ターボプロップエンジンとしてはいささか未完成な部分があり、結果的にはこのエンジンの選定が本機の命取りとなったのである。

なお胴体後部にはAJと同じく、推力二三五八キロのジェネラルエレクトリックJ47－GE19ターボジェットエンジンが搭載されていた。

強力なターボプロップエンジンの回転を伝えるプロペラは、強力な回転トルクを抑制するために幅広の三枚ブレードの二重反転式コントラプロペラが装備された。

試作機XA2Jは一九五二年一月に完成し試験飛行の準備が始まったが、その後はトラブルの続出で計画どおりの試験飛行は延期の連続となったのである。

トラブルの原因はエンジンではなく、巨大な二重反転式プロペラを作動させるギヤが満足に作動しないことにあった。このために満足な試験飛行はできないままで時間が経過したのである。

この間の一九五三年九月には、本機のライバルである純ジェットエンジン推進のダグラスXA3Dが完成し、スムーズな試験飛行が続けられていた。そしてテストは順調に進み、海軍はＸＡ３Ｄを次期艦上攻撃機として採用してしまったのである。ここにノースアメリカンＸＡ２Ｊの制式への道は閉ざされたのであった。

海軍は当初はＸＡ２Ｊに対する期待が極めて大きかったのである。その理由は本機の長い航続距離、また重量が双発機としては軽く、優れた離着艦性能が発揮できるというところにあった。しかし純ジェットエンジン装備のダグラスＸＡ３Ｄは、最高速力においてＸＡ２Ｊの計画最高時速より三〇〇キロ以上も高速であり、この点が高く評価され本機は敗れ去ったのであった。

本機の基本要目は次のとおり。

全幅　二一・八メートル
全長　二一・四二メートル
自重　一万六〇三五キログラム
エンジン　ターボプロップエンジン：アリソンＴ40－Ａ－６二基
　最大出力五〇三五馬力×二
　ターボジェットエンジン：ジェネラルエレクトリックＪ47－ＧＥ19
　推力二三五八キロ
最高時速　七二六キロ（計画）
上昇限度　一万一四〇〇メートル

航続距離　三五〇〇キロ以上
武装　二〇ミリ機関砲二門（尾部）
　　　爆弾四七〇〇キロ

㉒ダグラスXA2D試作艦上攻撃機

本機は大成功を収めたダグラスＡＤ「スカイレーダー」（後のＡ１）艦上攻撃機の後継機として、同機のエンジンをターボプロップ化したより高性能な、ダグラス社が期待を込めて開発した機体であった。

ＸＡ２Ｄは最大速力が時速八〇〇キロの高速で、その爆弾搭載能力はＡＤより大きく、最大三トン近い爆弾やロケット弾の搭載が可能だった。つまり世界最強の艦上攻撃機として誕生する予定であったのだ。

本機は極めて革新的な設計の機体である。主翼や尾翼はほぼＡＤ「スカイレーダー」と同規模であったが、エンジンにはアリソンXT40ターボプロップエンジンが採用されていた。ただしこのエンジンは一基ではなく二基搭載した。つまり太めの胴体内にエンジンを二基並列に搭載し、エンジンの回転をギヤを介して一軸に変換し、巨大なプロペラを回転するという方法を採用したのである。強力な回転力を吸収するためにこのプロペラは巨大で、幅五〇センチ、直径は四メートルに達した。プロペラの回転力は極めて強力でその回転トルクを制御するために、プロペラは三枚ブレードの二重反転式のコントラプロペラ式を採用していた。胴体内に並列に配置されたエンジンの上前方には、ターボプロップエンジンの心臓部ともいえる収速ギヤボックス、そして両エンジンの回転を結合し減速するためのギヤボックスが配置され、その上に操縦席が設けられていた。つまり本機は地上から操縦席までの高さは四メートル以上もある、とてつもなく背高の単座機であったのだ。そして胴体の後方両側面にはジェット排気孔が開口していた。

本機の攻撃力は強力で、主翼には二〇ミリ機関砲四門が装備され、胴体と主翼のハードポイントには合計二・八トンの各種爆弾やロケット弾が、ときには三本の魚雷の搭載も可能であった。

XA2Dの試作一号機は一九五〇年五月に初飛行に成功した。飛行性能は予想どおり極めて優れたものであった。最高速力は計画値の時速八〇七キロを記録した。

しかし好事魔多しで、この並列配置のターボプロップエンジンが難物であったのだ。エンジン自体は大きな問題を起こさなかったが、二基のエンジンの高速回転するタービン軸の回転を一軸に変換するギヤに問題が多発したのであった。

本機が試験飛行を行なった直後に朝鮮戦争が勃発した。このときアメリカ海軍は本機のその後の試験飛行の結果も待たずに、ダグラス社に対し先行量産型の三三一機の量産を命じたのであった。しかしその後もエンジンのトラブルは続き、三年後に戦争が休戦になった時点

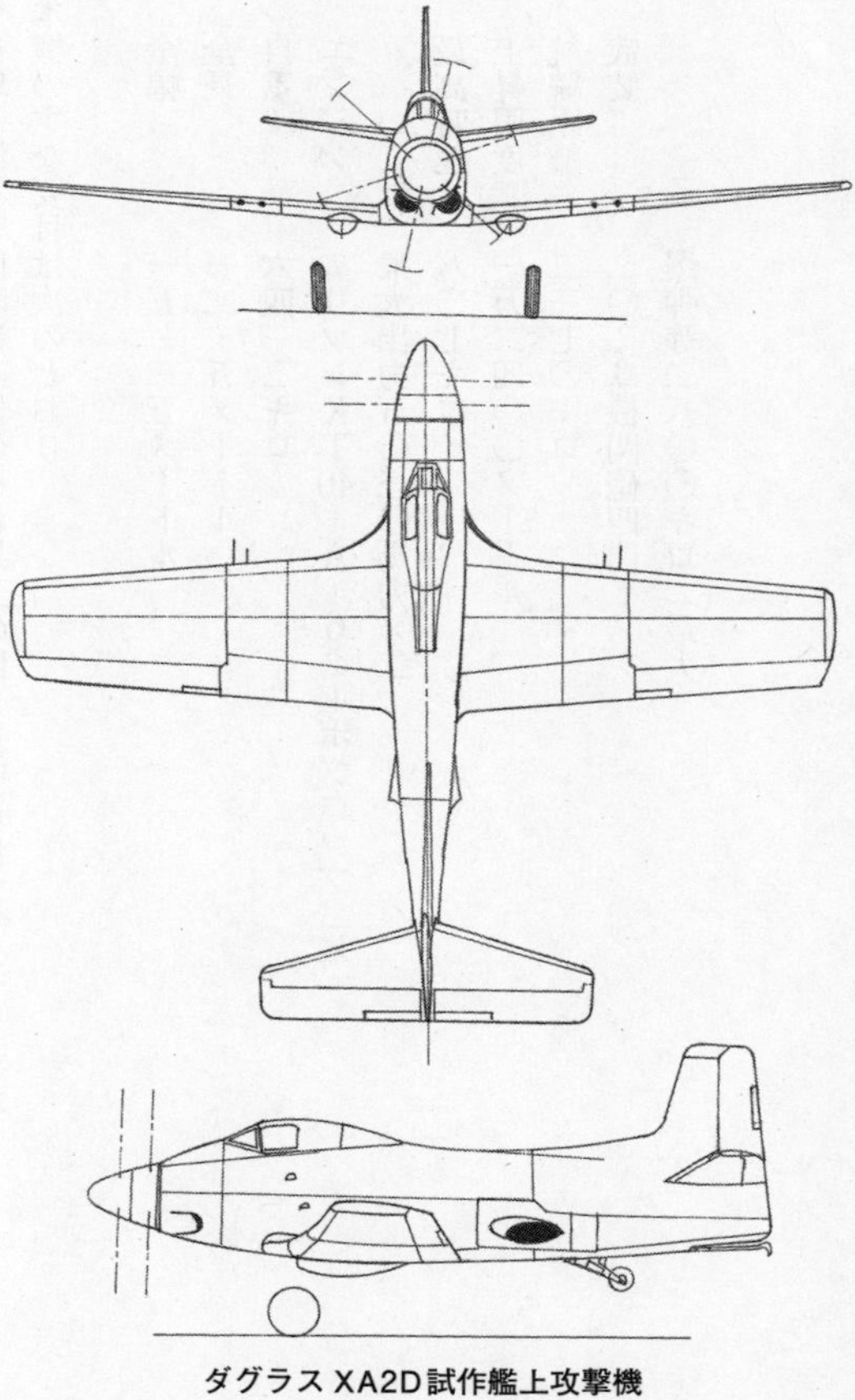

ダグラス XA2D 試作艦上攻撃機

でもエンジンのトラブルは解決していなかったのだ。そのためにアメリカ海軍は本機の量産命令を取り消し、同時に本機のそれ以上の開発も中止させたのであった。

本機の主な要目は次のとおり。

全幅　一五・二五メートル
全長　一二・五メートル
自重　六四一三キロ
エンジン　アリソンXT40－A－6ターボプロップ二基
　最大出力五〇三〇馬力×二
最高時速　八〇七キロ
上昇限度　一万二四〇〇メートル
航続距離　二三七〇キロ
武装　二〇ミリ機関砲四門
　爆弾等二八〇〇キロ（最大）

㉓コンベアXF2Y試作水上戦闘機

第二次世界大戦終結後、アメリカ陸軍航空軍（後にアメリカ空軍）は、ボーイングB29を上回る高性能重爆撃機の開発を積極的に推し進めていた。これらの爆撃機による戦略爆撃機隊を充実すれば、世界中へ向けての戦略爆撃の可能性を高めることができるのである。この状況のなか、アメリカ軍部では海軍の航空母艦を核とする機動部隊の無用論が台頭を始めたのである。つまり巨額な航空母艦の建造予算の縮小を図り、建造予算を戦略爆撃部隊の充実のために回すことが得策という理論の台頭なのである。

これに対し海軍は、航空母艦からの作戦が可能な、原子爆弾搭載型攻撃機の開発と運用に積極的な展開を始めていた。そして世界各地に派遣できる充実した航空母艦戦力の展開が、自由主義国家群の基盤を確立するうえで最重要であるとして反論したのであった。

このような背景で、海軍では局地的な海軍の航空戦力を充実する手段の一つとして、水上ジェット戦闘機の開発構想が浮上してきたのであった。

じつは同じような機体がイギリスでも求められており、すでに紹介したサンダース・ロウ社でも水上ジェット戦闘機を開発していた。

ただこのときアメリカ海軍の構想の中にあったのは、従来の水上戦闘機の概念にとらわれない、超音速を視野に入れた水上戦闘機の開発であった。そしてこの超音速水上戦闘機の開発はコンベア社に委ねられたのであった。

コンベア社はこの特殊な構想の戦闘機の開発に、これまでの概念を打ち払った新しい方策を採り入れようとした。その一つが従来の水上機には必需であったフロートの撤去である。コンベア社が考え出した案はハイドロスキーの原理の応用であった。もっとも単純なハイドロスキーは水上スキーである。

コンベア社は、機体の腹部に引き込み可能な逆V字形に開く、水上スキー板状の装置を装備したデルタ翼式のジェット戦闘機を試作した。このハイドロスキーは常時は機体の腹部に密着して引き込み、離水滑走（水）に際してはハイドロスキーを引き出し、離水直後にこれを機体腹部に引き込むのである。エンジンを作動し機体が高速で水上を滑走し始めると、同時に腹部に収容していたハイドロスキーが引き出され、さらに加速しながら滑走し機体は浮力を得て離水するのである。

着水に際してはハイドロスキーを腹部から引き出し滑水し、速度の止まった時点でスキーは収容されるのである。したがって飛行中はハイドロスキーは腹部に密着するために空気抵抗の障害にならず、機体は高速で飛ぶことができるのである。

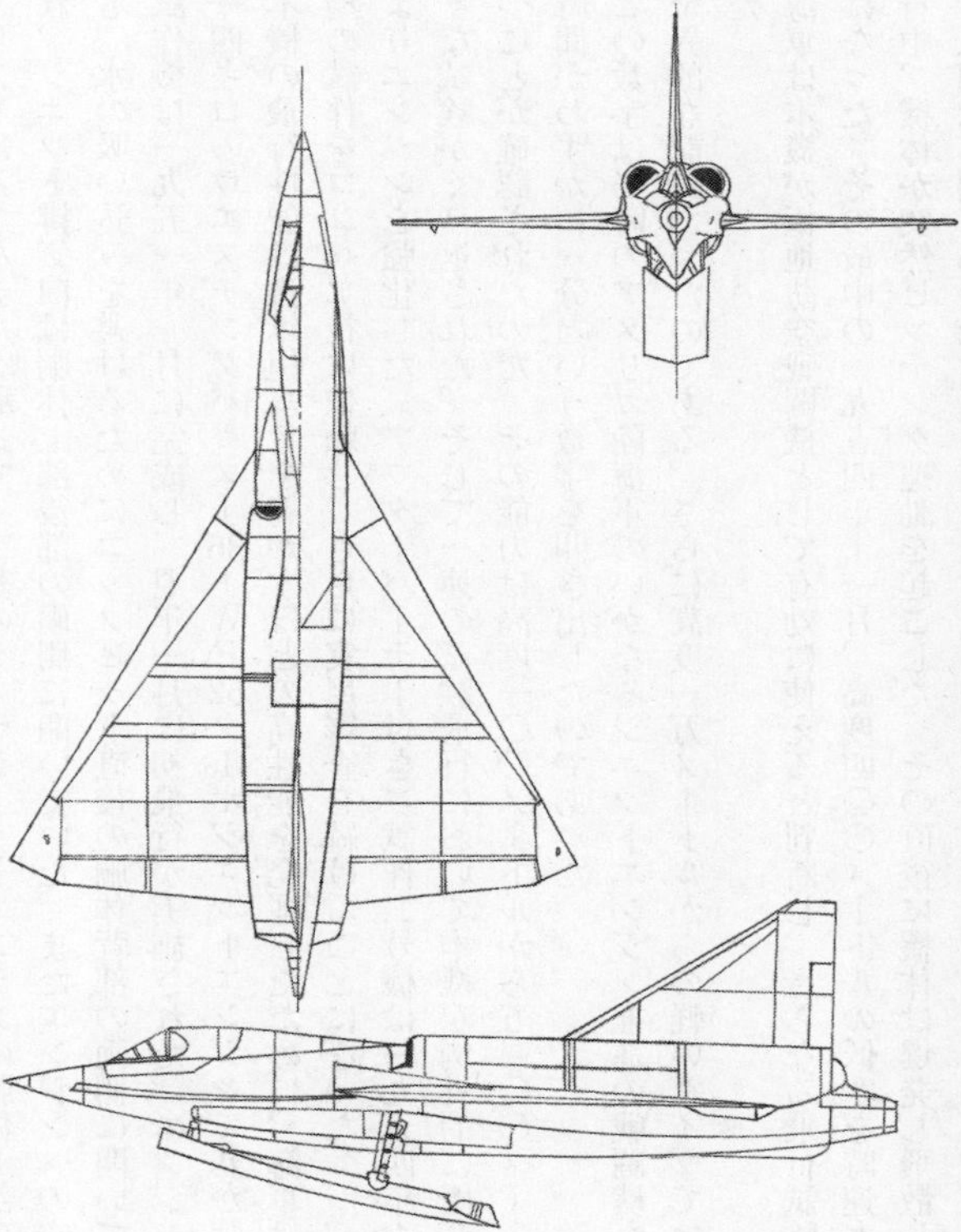

コンベア XF2Y 試作水上戦闘機

XF2Yは完全なデルタ翼式で、二基のターボジェットエンジンは胴体上部の両側に搭載され、ジェット排気口は胴体上部後部の両側に開いていた。またエンジンへの空気取り入れ口も、水の吸い込みを避けるためにコックピット直後の胴体背部の両側に開いていた。

試作機は一九五一年一月に完成し、翌年一月に初飛行が実施された。エンジンには推力一八一四キロのウエスチングハウスJ36－WE62ターボジェットエンジン二基が装備された。

本機の飛行性能は海軍担当者を驚かすほどの高性能を発揮したために、海軍はエンジン強化型の試作をコンベア社に依頼し、さらに実用審査を続けることになった。

よりエンジンを強化した（アフターバーナー付き）試作二号機は一九五四年六月に完成し、様々な試験がくり返された。そして一連の試験飛行において本機が例外的に優れた上昇力を持つことが確認されたのだ。その能力は高度一〇〇メートルから五二〇〇メートルまでの上昇時間がわずかに一分という数字を叩き出したのであった。

この数字は当時のアメリカ陸海軍のいかなるジェットエンジン推進の戦闘機も出せなかった驚異的な記録だったのである。さらに高度一万メートルからの軽いダイブでは音速を突破した。

海軍は本機が極地防空戦闘機として有効に使えると判断し、さらなる飛行試験を続けることになった。その最中の一九五四年十一月、高度四〇〇メートルの低空を時速九三〇キロで飛行中、機体が突然ピッチング運動を起こした。その直後に機体は爆発し飛散したのであった。原因は不明であった。

海軍はこの事態に以後の開発を躊躇し、最終的に本機の開発は中止されることになったのである。

この頃アメリカ海軍は大きな転換期を迎えていたのだ。前年に休戦となった朝鮮戦争では空母搭載のジェットエンジン艦載機も含め、空母部隊が海外の局地戦で極めて有効な戦闘を展開したことが大きく評価され、当時の空母建造縮小論は急速に空母部隊強化論に変化していったのであった。その一方で空軍の戦略爆撃機部隊の運用の限界論も台頭し、以後の原子力空母を含めた大型航空母艦の建造強化へとつながっていったのである。

海軍はここで艦上機の超音速化を加速させることになり、音速飛行は可能であるが将来性が明確でない水上ジェット戦闘機の開発の機運は衰退していったのだ。

「シーダート」という愛称がつけられたXF2Yは試作機四機が作られたが、その中の一機がアメリカ海軍航空隊博物館に記念機体として現在保存されている。

本機の要目は次のとおり。

全幅　一〇・二六メートル
全長　一六・〇三メートル
エンジン　ウエスチングハウスXJ46－WE2ターボジェット二基
　推力二七二二キロ×二
最高時速　一一二〇キロ

上昇限度　一万三〇〇〇メートル
航続距離　二四六〇キロ
武装　二〇ミリ機関砲四門

㉔ロッキードXFV／コンベアXFY垂直上昇迎撃戦闘機

ロッキードXFV戦闘機とコンベアXFY戦闘機は、過去の世界の戦闘機の歴史の中でも特筆すべき機能を持つ戦闘機として開発された機体である。

アメリカ海軍は第二次世界大戦の教訓から、船団航行する船舶を攻撃してくる敵航空機に対し、護衛空母に頼らずいずれの船舶からでも直ちに発進できる軽快な防空戦闘機の開発をコンベア社とロッキード社に要請したのだ。

ただしこの開発には付帯条件がついていた。それは開発する飛行機のエンジンはジェットエンジンかターボプロップエンジンに限定する、ということである。

この要請に対し直ちにロッキード社が反応し開発を始めたのだ。機体の呼称はXFVとされた。ロッキード社の本機に対する設計の基本方針は、垂直離艦と垂直着艦を基本とすることであった。つまり本機を船団の中の幾隻かの輸送船の甲板上に搭載し、敵機の来襲の際に直ちに狭い甲板からそのままの姿勢で発進し、敵機を撃退後に同じ船の狭い所定の甲板上に着艦するというのである。

この手法に適する機体の想定される姿は、常識的に考えられる飛行機を、機尾を下にして甲板の上に垂直に立て、発進に際しては回転するプロペラをヘリコプターのようにあつかい、垂直に上昇する途中で機体を水平にもどし、通常の飛行状態で戦闘態勢に入る。そして帰投に際しては発進の逆の操作を行なうことになる。

しかしこのような手法を採用するためには、よほどの強力なエンジンを搭載し、強力な推進力を持つプロペラの存在が不可欠である。とくに機体の姿勢を垂直から水平にもどす、あるいはその逆の動作を行なうためには、機体自体に最大限の高度な機能を負わせる必要があることを考えなければならないのだ。

ロッキード社はこのような機体を設計することで開発作業を開始した。さらにエンジンの選定である。垂直離陸に際しては強力な牽引力（揚力）を生み出し、水平飛行に際しては時速八〇〇キロ以上の高速力を発生させるエンジンが必要である。そのためには少なくとも最大出力五〇〇〇馬力級のエンジンと、その回転を吸収し推進力に変換できる特別のプロペラの設計が求められたのである。

ロッキード社が試作したＸＦＶの機体の外観は独特であった。太い胴体の前端には最大出力五八〇〇馬力のターボプロップエンジン（アリソンＹＴ40－Ａ－6）が装備された。そしてプロペラは、直径五メートルの三枚ブレードを二重反転式コントラプロペラとして装備した。

主翼はアスペクト比の小さな全幅の狭いテーパー直線翼が装備され、機尾にはX字形に交差した尾翼が配置された。またこの四枚の尾翼の先端には緩衝器付きの小型車輪が取り付けられ、機体は搭載する船舶の甲板上に機尾を下に垂直に立つ姿勢で配備されるようになっていた。

試作機は一九五三年十二月に完成し、直ちに試験飛行が開始された。試験飛行の結果、本機は垂直離陸と着陸は容易に行ない成功したが、垂直の上昇姿勢から水平飛行に移る飛行姿勢の変換はついに成功しなかった。ロッキード社はこれ以上の試験を中止し、本機の開発を中止した。

一方のコンベア社はXFYの呼称で開発が進められた。本機はロッキード社のXFVとは着想が異なっていた。まず機体はデルタ翼式で構成されていた。太く短い胴体の先端にはXFVに搭載したエンジンの改良型（アリソンYT40－A－14）が搭載された。そしてXFVと同じ規模の二重反転式プロペラが装備された。またデルタ翼と垂直尾翼の後端には小型の車輪が装備され、機体は機首を上にしてXFVと同じく垂直姿勢で配備されるようになっていた。

機体は一九五四年五月に完成し、八月に試験飛行が開始された。試験飛行では垂直離陸と着陸に成功し、さらに上昇中での水平飛行への転換や、水平飛行から垂直着陸への転換にも成功した。この飛行姿勢の転換は主翼がデルタ式だったことで初めて可能だったのである。コンベア社の技術理論の勝利であったのだ。

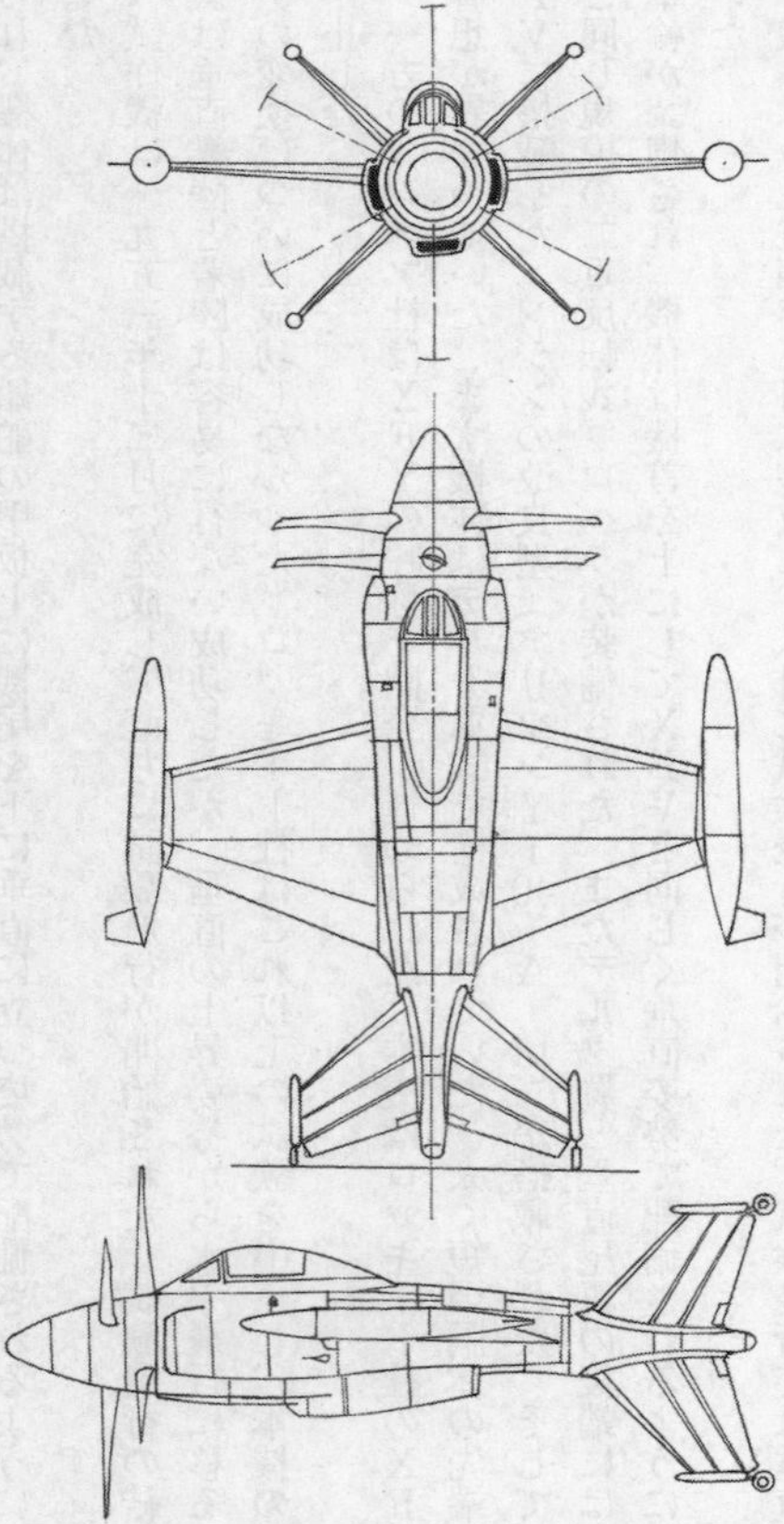

ロッキードXFV垂直上昇迎撃戦闘機

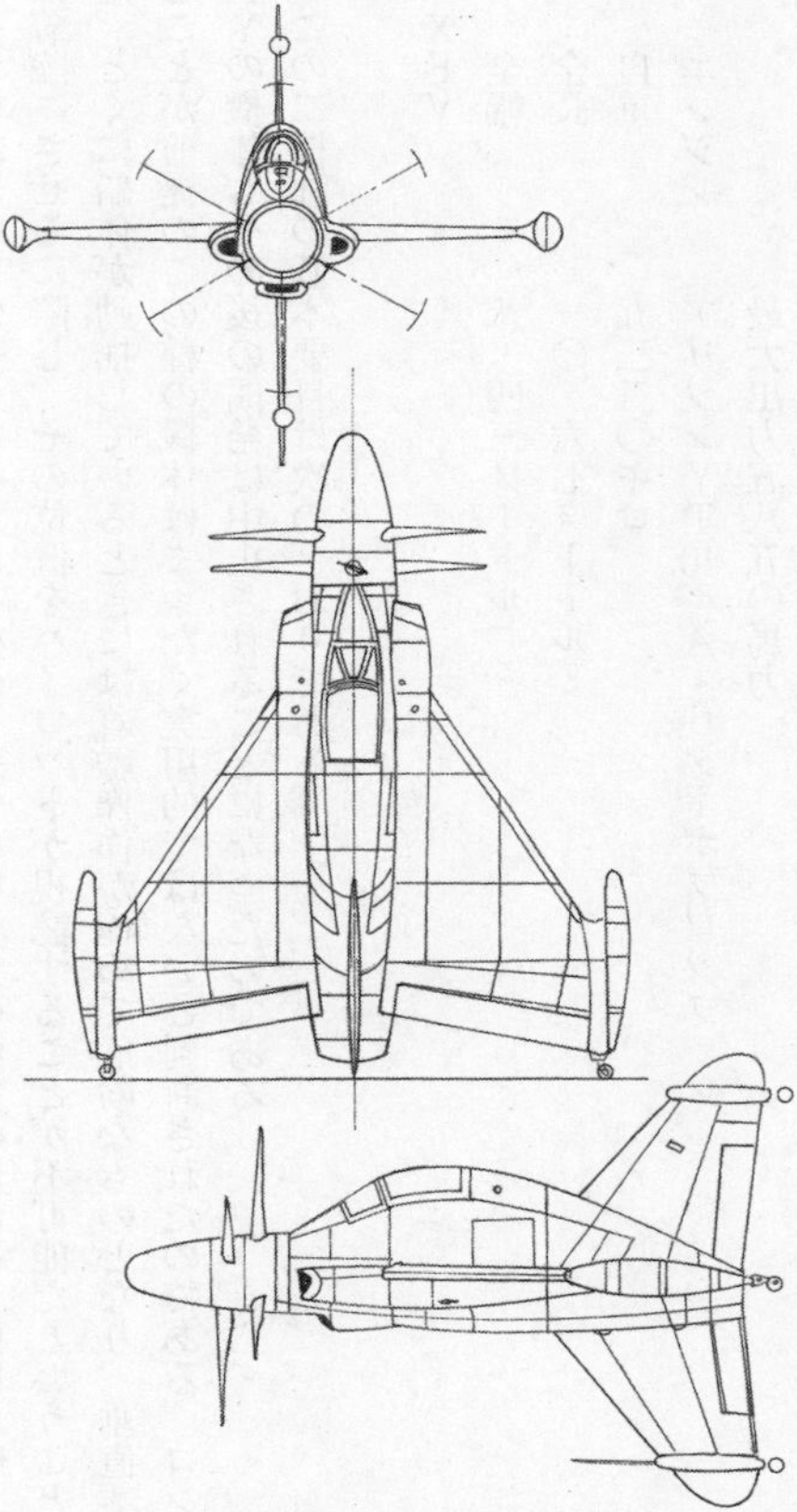

コンベアXFY垂直上昇迎撃戦闘機

なおXFYは最高速力試験では時速九三三キロを記録し、海軍を満足させたが、これらの機体が持つ致命的な欠陥があることが判明したのだ。

それは攻撃から帰還するときに、機体を船体の甲板上の所定の位置に正確に着艦（地上では着陸）させるに際し、その位置をパイロットが視認することが不可能だということであった。とくに船体が動揺しているときには着艦操作が極めて危険なものとなり、垂直離着艦することが前提のこの種の機体はまったく実用的ではないと判断されたのである。コンベアXFYの機体もその後の開発は中止されることになったのである。

この二機種の基本要目は次のとおりである。

XFV
全幅　八・四三メートル
全長　一〇・六七メートル
自重　五三三〇キロ
エンジン　アリソンYT40－A－6ターボプロップ
　最大出力五八五〇馬力
最高時速　九七〇キロ（計画）

XFY

全幅　一一・四三メートル
全長　八・三五メートル
自重　五二六〇キロ
エンジン　アリソンYT40－A－14ターボプロップ
最大出力五八〇〇馬力
最高時速　九三三キロ
上昇限度　一万三〇〇〇メートル
武装　二〇ミリ機関砲四門

あとがき

第二次世界大戦直後から急速に展開された各国のジェットエンジン推進軍用機の開発は、それぞれの国柄の世情も現われてたいへん興味深い。本書では、黎明期からかなり時代が進んで開発された機体も含まれている。

初期のジェットエンジンの最大の問題点は燃料消費量の過大にあった。これはジェットエンジンがその機体にあたえる優れた性能に対する代償のようなものではあった。しかしこの燃料消費量の多さは何としても克服しなければならない問題であった。そしてこの難問に何らかの解決策を求めるのに努力したのがアメリカであった。

アメリカは第二次大戦中に戦略爆撃機の長距離援護戦闘機の開発に最大限の努力を図った。そして爆撃機の援護可能な長距離戦闘機の開発に成功している。

アメリカはジェットエンジン推進戦闘機にも長距離爆撃機の援護が可能な長距離戦闘機を求めたのである。

ベルXP83、マクダネルXP85、マクダネルXP88、ロッキードXF90、ノースアメリカンXF93など、それぞれに苦悩しながら開発したが成功にはいたらなかった。爆撃機にジェットエンジン推進の超小型戦闘機を運ばせ、これで敵迎撃戦闘機に対抗しようとするアイデアから生まれたマクダネルXP85などはその最たる珍案である。しかし長距離戦闘機開発の努力も新たに出現したミサイルによって消えることになったのである。

ユーゴスラビア、スイス、アルゼンチン、エジプトなどが独自にジェットエンジン推進の戦闘機や攻撃機の開発に手を染めているが、極めて興味深い知られざる事実である。

私事ではあるが、少年時代にアルゼンチンが開発した「プルキー2」戦闘機の写真を航空雑誌のグラビアページで見たときの驚愕は忘れられない。同じ時代の実用ジェット戦闘機であったアメリカのノースアメリカンF86やグラマンF9F、あるいはイギリスの「ミーティア」戦闘機に比較し、あまりにも洗練され過ぎたそのスタイルは、衝撃をあたえるに充分すぎたのだ。ジェット戦闘機とは無縁と思われていたアルゼンチンがなぜこのような素晴らしい戦闘機を造り出したのか、その実態を知らなかった航空少年には不思議だったのである。その後アメリカがマーチンXB51爆撃機を出現させたときにも、その時代を先取りしたスタイルに驚愕したのである。

初期のジェットエンジン推進軍用機の設計者たちには、新しいエンジンであるジェットエンジンに対する限りない夢があり、それを実現しようとしたのであろう。

戦後勃発した朝鮮戦争やベトナム戦争などは、ジェットエンジン推進軍用機のさらなる開発と発達に大きな影響を与えている。

開発黎明期のジェットエンジン推進の軍用機の姿には様々な時代背景が隠されている。こうした開発の歴史の一端を楽しんでいただけたならば幸いであります。

ＮＦ文庫書き下ろし作品

NF文庫

幻のジェット軍用機

二〇一九年十二月二十一日　第一刷発行
著　者　大内建二
発行者　皆川豪志
発行所　株式会社　潮書房光人新社
〒100-8077　東京都千代田区大手町一-七-二
電話／〇三-六二八一-九八九一(代)
印刷・製本　凸版印刷株式会社
定価はカバーに表示してあります
乱丁・落丁のものはお取りかえ致します。本文は中性紙を使用
ISBN978-4-7698-3145-7　C0195
http://www.kojinsha.co.jp

NF文庫

刊行のことば

第二次世界大戦の戦火が熄《や》んで五〇年――その間、小社は夥しい数の戦争の記録を渉猟し、発掘し、常に公正なる立場を貫いて書誌とし、大方の絶讃を博して今日に及ぶが、その源は、散華された世代への熱き思い入れであり、同時に、その記録を誌して平和の礎とし、後世に伝えんとするにある。

小社の出版物は、戦記、伝記、文学、エッセイ、写真集、その他、すでに一、〇〇〇点を越え、加えて戦後五〇年になんなんとするを契機として、「光人社NF（ノンフィクション）文庫」を創刊して、読者諸賢の熱烈要望におこたえする次第である。人生のバイブルとして、心弱きときの活性の糧《かて》として、散華の世代からの感動の肉声に、あなたもぜひ、耳を傾けて下さい。